これならわかるネットワーク

インターネットはなぜつながるのか？

長橋賢吾 著

ブルーバックス

●装幀／芦澤泰偉事務所
●カバーイラスト／五十嵐 徹（芦澤泰偉事務所）
●本文図版／さくら工芸社
●本文・扉・目次デザイン／中山康子

はじめに

10年前と現在とをくらべて、最も大きく変わったものとしてインターネットの普及に代表される情報技術の進歩があるでしょう。

書籍のオンライン購入、航空券のオンライン予約にはじまって、銀行のオンライン口座照会・振り込み、そして、ここ数年来のブロードバンド普及によるインターネット電話、ライブ映像配信など、インターネットによって、10年前では想像もつかなかったことが現実のものとなり、そして、それが私たちの生活をより便利なものにしています。

しかしながら、インターネットは私たちに利便性をもたらしてくれる一方で、近年、急速に拡大しているウイルス・ワームの被害など「インターネットは便利」だけでは片づけられない側面も持っています。

では、インターネットとは、そもそも何なのでしょうか? 辞書によれば、「複数のコンピュータネットワークを相互に接続して、全体として一つのネットワークとして機能するようにしたもの」と定義されています。

しかしながら、これだけでは当然インターネットを理解したことにはなりません。たとえば、次のような疑問を考えてみましょう。

（疑問１）地震が起きたとき、携帯電話で電話するよりメールのほうがつながりやすかったという経験があるかもしれません。それはなぜでしょう？

（疑問２）普通の電話よりインターネット電話のほうが通話料金が安いのはなぜでしょう？

（疑問３）自分の家のインターネット接続はＡＤＳＬ、友人の家はＡＤＳＬではなく光ファイバーでインターネット接続しているのにもかかわらず、お互いにビデオチャットができるのはなぜでしょう？

（疑問４）電話にはウイルス・不正アクセスといった攻撃は起きません。なぜインターネットにはこうした問題が発生するのでしょう？

あたりまえに思えるかもしれませんが、実は意外と答えられない人が多い疑問なのではないでしょうか。

私たちはユーザーとして毎日インターネットを使っていますが、その中身がどのようなしくみになっているのか、理解しなくてもインターネットを利用することはできます。たとえば、図１のように私たちがメールを送信する場合でも、宛先にどのような経路で電子メール（以下メールと表す）が届くか詳細を理解する必要はありません。宛先へメールが届きさえすればいいのです。

ここで、メールが宛先まで届かない場合を考えてみましょう。どういう理由で宛先にメールが届かないのでしょうか？　たとえば、いままで届いていたはずなのに、今回だけ届かないのだとしたら、そこには何かしらの原因があるはずです。

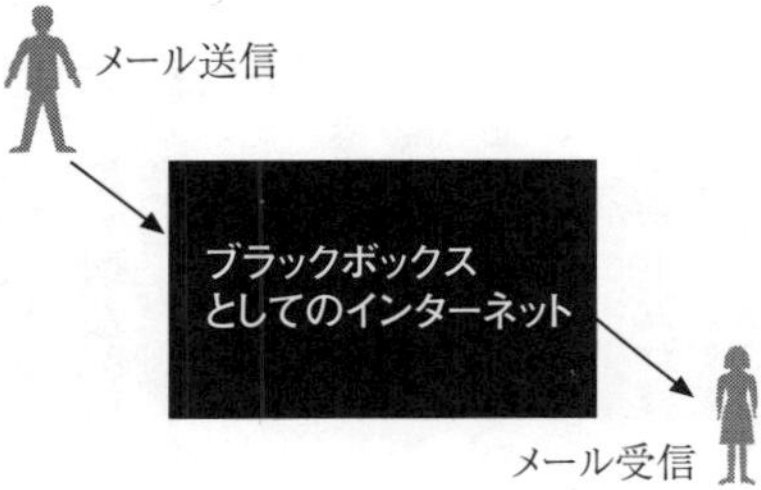

図1

メール配送できない原因はいろいろ考えられます。たとえば、メールを配送するコンピュータが故障している、メールを送信したパソコンがインターネット接続されていなかった、などが考えられるでしょう。重要なのは、こうした原因を追究するためにはインターネットという「ブラックボックス」の中身をある程度知る必要があるということです。

インターネットは、オープンなネットワークです。後述しますが、ブラックボックスを形作るインターネットの仕様書はＲＦＣ(Request for comments)と呼ばれ、すべて公開されています。現在では、最初のＲＦＣから数えて５２００（２００８年3月現在）の仕様が公開されています。

たしかに、ＲＦＣに目を通すことはブラックボックスを理解するうえで必要なことですが、それ以上に大切なのは、「なぜ」こうした仕様が誕生することになったのかを理解することです。つまり、それぞれの仕様が必要となった背景はどういうものだったのか、どういう過程を経て仕様が定義されたのか、それによってどういう問題が解決したのか……「なぜ」にはこうした意味が含まれています。

本書は、このインターネットというブラックボックスを「なぜ」という視点から解きほぐそうとする試みです。従来のインターネットに関する解説書の多くは、トップダウン式に、「こうしたプロトコルがある。それはどういうものかというと……」というアプローチでした。しかし本書では、ボトムアップによるアプローチ、すなわち「いままでの技術では解決できない問題点があり、それを解決するためにこのプロトコルが誕生した」という視点から、インターネットのブラックボックスに迫ります。

本書の構成は図2のようになっています。まず第1章では、郵便と電話といった、私たちが日常利用するコミュニケーションを例にとり、そもそもネットワークとは何かについて述べます。

同じ「ネットワーク」であっても、メールの送受信やウェブサイトへのアクセスなどのインターネット通信が郵便や電話と異なるのは、パケット（情報の小包）を利用したデータ通信であることです。そこで、パケット交換のしくみはどのように誕生したのか、インターネットの成り立

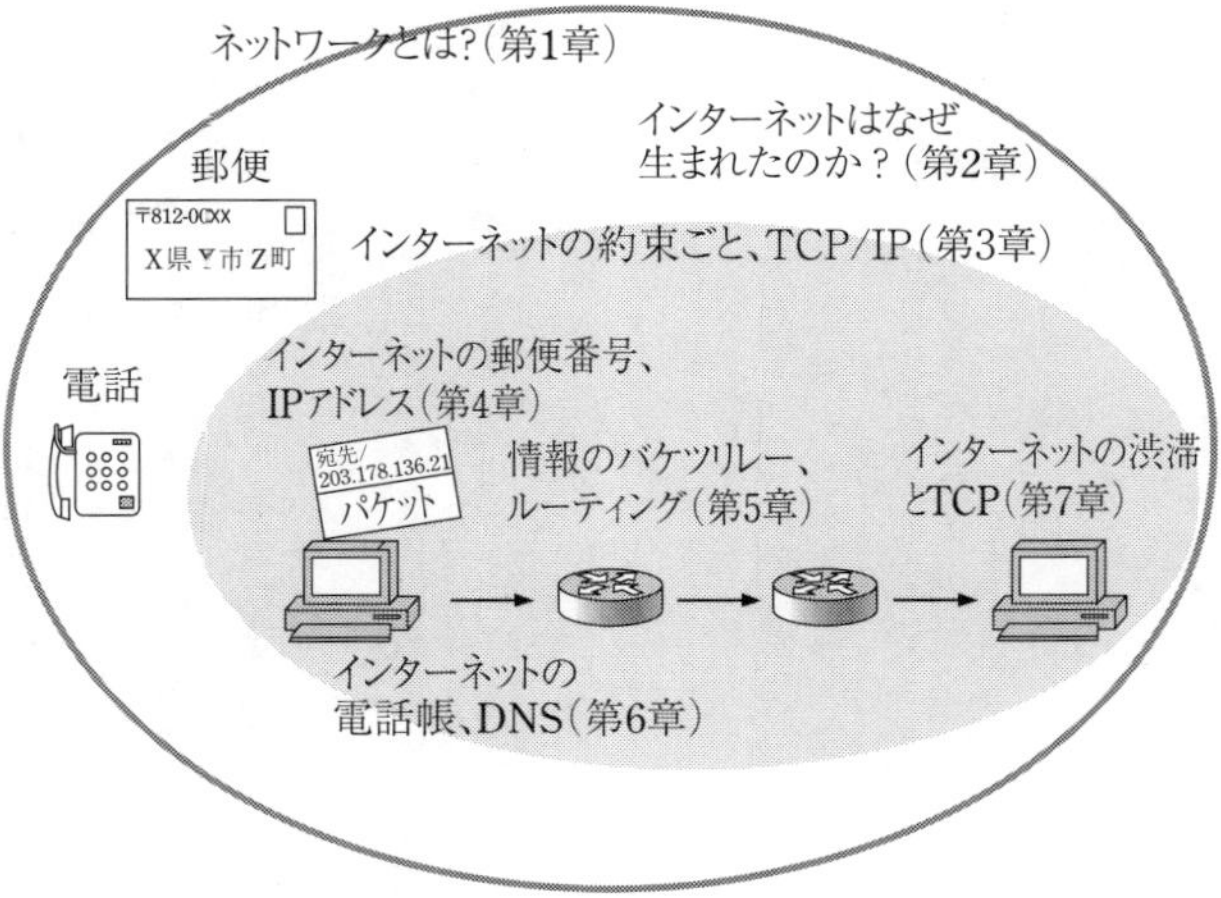

図2

ちを第2章で見ていきます。

さて、電話・郵便と同じように、インターネットにおけるパケット交換にも何かしらの決まりごとが必要です。第3章では、ＴＣＰ／ＩＰと呼ばれるこの決まりごとについて述べます。そして第4章以降で、第3章で取り上げた決まりごとについて、具体的にくわしく追っていきます。

第4章では、インターネットでの郵便番号・電話番号に相当するＩＰアドレスの成り立ちについて、第5章ではパケットを相手先に届けるためのしくみであるルーティングについて述べます。続く第6章では、端末（コンピュータ）の宛先情報をＩＰアドレスに変換する、インターネットの電話帳ともいうべきＤＮＳを取り上げ、第7章では端末同士で通信レートを調整してインターネットの渋滞を防ぐＴＣＰというしくみについて述べます。

筆者自身、インターネットに関わるようになってから12年ほど経ちます。最初に出会った当時、インターネット入門に関するさまざまな書籍に目を通しましたが、なかなか頭に入りませんでした。その理由は、前述のようなトップダウン式にあると思っています。ですから、本書ではタイトルにある「これならわかる」を実現するためにボトムアップ式で解説を進め、インターネットのブラックボックスに隠れている本質を明らかにします。本書を読了すれば、前述の疑問も解決できることでしょう。

目次

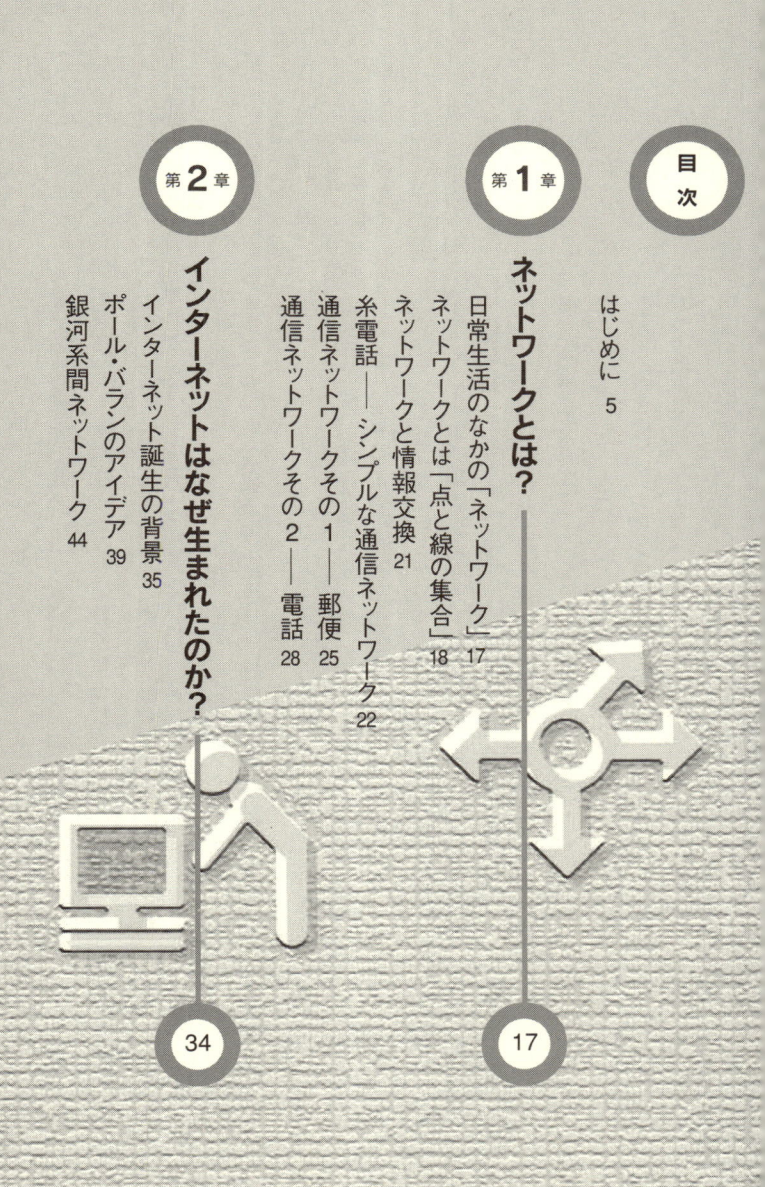

第3章 インターネットの約束ごと、TCP/IP

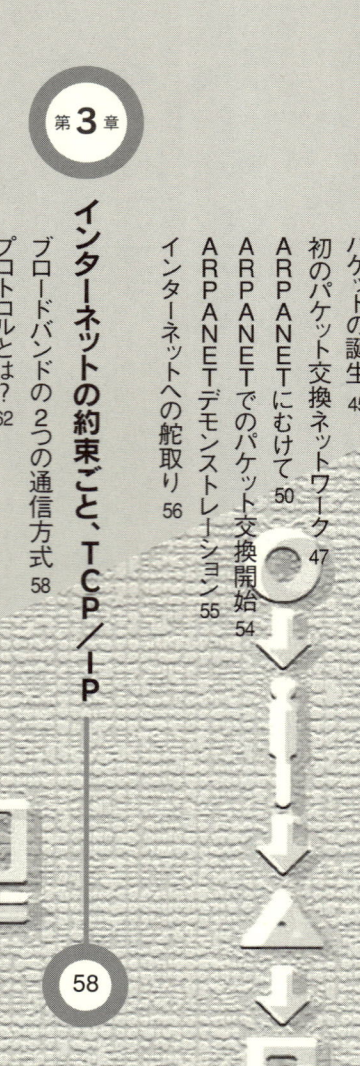

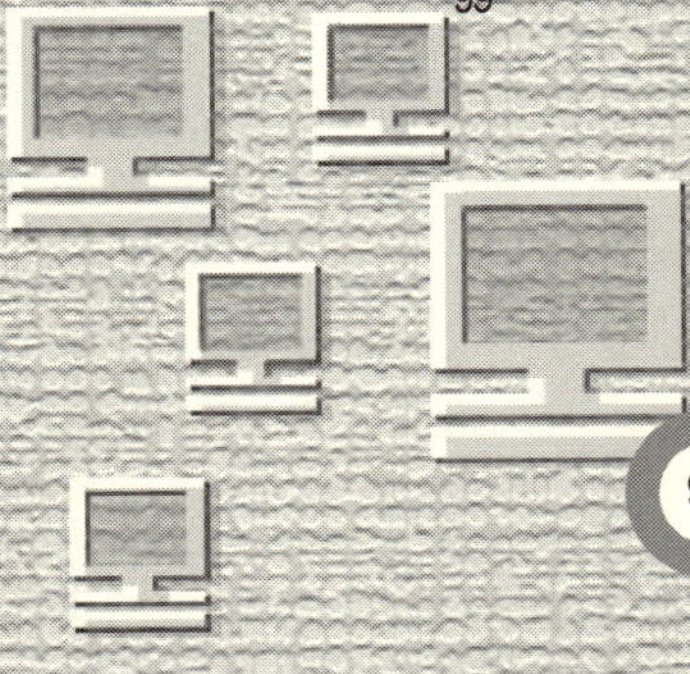

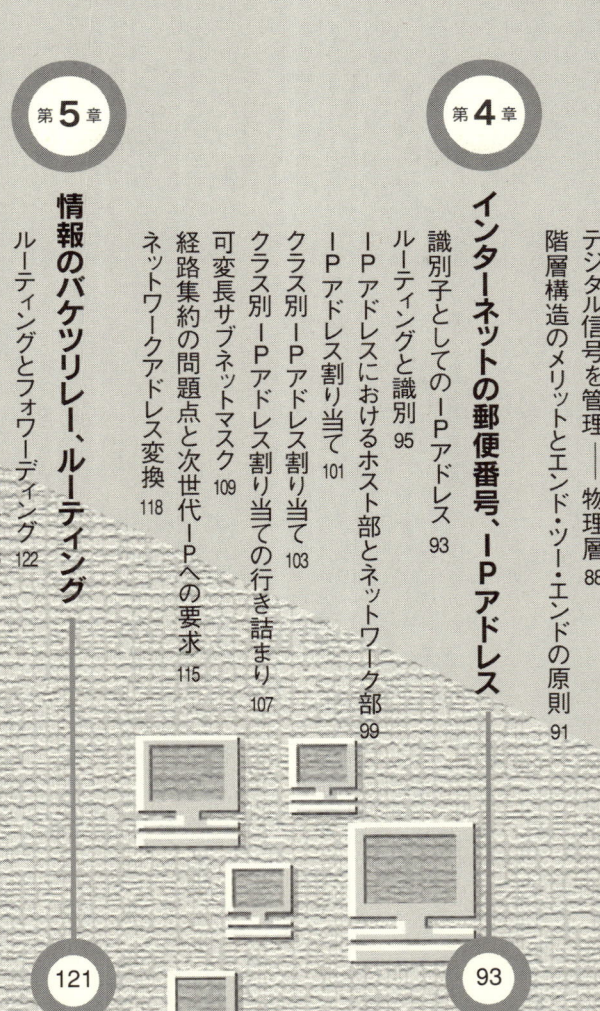

第6章 インターネットの電話帳、DNS

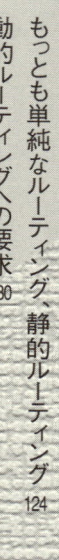

第7章 インターネットの渋滞とTCP

190

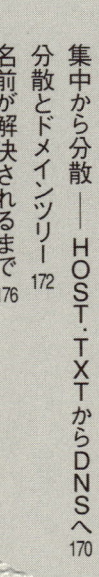

第8章 インターネットのこれから

コラム

第１章　ネットワークとは？

インターネットは、ネットワークの一つです。では、そもそもネットワークとはどういう側面を持っているのでしょうか。

日常生活のなかの「ネットワーク」

私たちは「ネットワーク」という言葉を日常生活でしばしば用います。たとえば、同じ課のＡ氏とＢ氏がこんな会話を交わしています。

Ａ氏「新しく始まったプロジェクトの関係でＺ社のＣ氏と連絡を取りたいんだけど、連絡先を知ってる？」

B氏「○×課のD氏に頼んでみたら？　彼は一杯ネットワークを持っているから」

A氏が仕事を進めるためにはZ社のC氏が必要です。しかし、A氏はC氏と面識がありません。そこで、B氏は、D氏に相談することを提案します。というのは、D氏は「一杯ネットワークを持っている」からです。

ここでの「ネットワーク」とは、D氏はさまざまな人を知っている、人々とつながりがあるという意味で用いられていると考えることができます。

ネットワークとは「点と線の集合」

ネットワークを「人々とつながりがあること」と定義するのはとてもあいまいです。そもそも、「つながり」とは何でしょうか？　人と人とでしかネットワークはできないのでしょうか？

このあいまいさを取り払うため、もう少し一般的に「つながり」について考えてみましょう。

数学にグラフ理論という分野があります。グラフ理論では、ネットワークを「点（node）と線＝辺（edge）の集合」と定義しています（図1－1）。

この定義を先ほどの例に当てはめてみましょう。点に相当するのはA氏、B氏、C氏、D氏といった人間です。ただし、点だけが存在しても、ネットワークとは呼べません。点と点とを何かしらの関係で結ぶ線が必要です。

この場合の「関係」とは、たとえば、A氏とB氏とは会社の同じ課に所属しているなど、人と人との関係です。つまり、点にあたる「人」と線にあたる「関係」があってはじめてネットワークとなります（図1－2）。

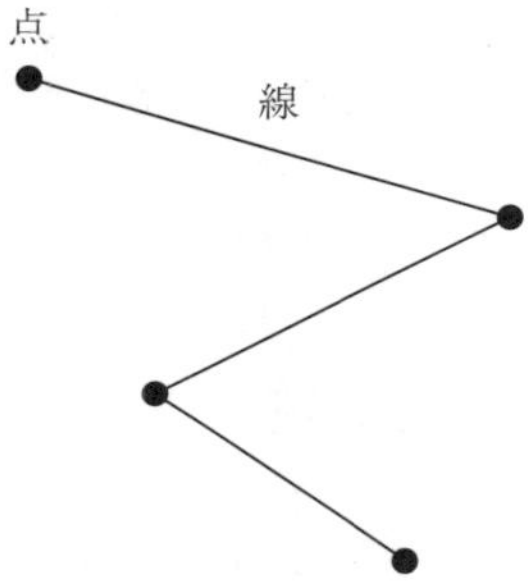

図1－1　点と線

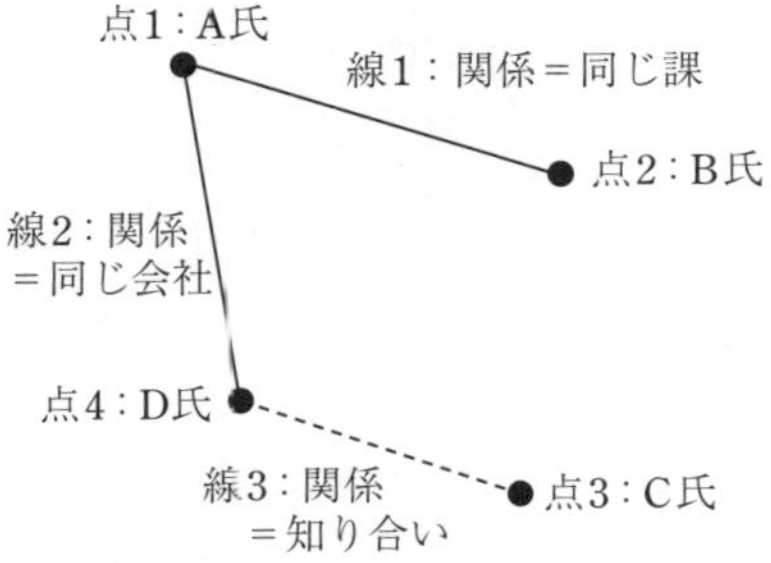

図1－2　人間のネットワーク

「点と線の集合」がネットワークであるとすれば、さまざまなものごとをネットワークとしてとらえることができます。たとえば、1つの会社は、取引先、下請け先など別の会社とさまざまな関係をもっています。これも会社（点）と下請け、取引先などの関係（線）の集合であるネットワークとしてとらえることができるでしょう。

　つまり、私たちが日常ネットワークという単語をしばしば使うのは、日常生活に「あるモノとあるモノとが何かしらの関係でつながっている」というネットワークがあふれているからにほかなりません。

コラム 1　6次の隔たり

　このネットワークについて興味深い話があります。たとえば、自分（点）からアメリカ大統領（点）まではどういう関係（線）でつながっているでしょうか?

　アメリカの社会学者のスタンレー・ミルグラムは、1967年にネブラスカ州オマハの住人160人を無作為に選び、「同封した写真の人物はボストン在住の株式仲買人です。顔と名前を知っていればその人物のもとへ、そうでなければ友人のなかで知っていそうな人にこの手紙を送ってください」という手紙を送りました。その結果、42通（26・25％）が実際に株式仲買人に届き、届くまでに経た人数は平均5・83人でした。

　これをもとに彼は、自分の知り合いを6人経由すれば、特定の人間に辿り着くという仮説を打ち出しました。このことを敷衍《ふえん》すると、私たちからアメリカ大統領までの場合も、6人の知り合いを経由すれば到達できると考えられます。

では、なぜ6人で辿り着けるのでしょうか？　このネットワークの特徴として、「ハブ（hub）」と呼ばれる、多くの線が接続されている1つの点が存在していることが知られています。

私たちアメリカ大統領までの経路では、日本の首相がハブであると考えてみてください。日本の首相は、多くの関係（線）を持っています。そして、いったん日本の首相に到達すれば、日本の首相とアメリカ大統領はなんらかの関係を持っています。ハブに接続されれば、どんな関係でもせいぜい6人経由で到達できるという意味で、これを6次の隔たり（Six Degrees of Separation）と呼んでいます。

ネットワークと情報交換

多くのネットワークの場合、点と点とをつなぐ線を通じて交換しているものは情報です。会社の場合、会社（点）と会社との間で、関係（線）を通じて、受注、発注などの処理がありますが、これもつきつめれば情報の交換と考えることができます。

では、どうやって情報を交換するのでしょうか？　たとえば、ある会社から別の会社に製品を発注する場合、会社が近くにあれば、口頭で情報を伝達することができます。しかし、自社が東京にあり、発注先が大阪の場合、あるいは、発注先がアメリカのニューヨークであった場合、口頭で伝えるというわけにはいきません。

もちろん、重要な製品発注は実際に会社に赴《おもむ》いて口頭で伝えることもあるかもしれません。しかし、毎回口頭で伝えていたら、そのコストは莫大になります。こうした情報交換のために存在するのが通信ネットワーク（コミュニケーションネットワーク）なのです。

これまで一般的なネットワークについて説明してきましたが、ここからは、インターネットを含めた通信ネットワークに的を絞って、その特徴を説明していきます。

糸電話――シンプルな通信ネットワーク

まずは、いちばんシンプルな通信ネットワークについて考えてみましょう。シンプルな通信ネットワークとは、点と点とが一対一でつながっているネットワークです。たとえば、図1−3のような糸電話を想像してください。糸電話の場合、通話は非常に簡単です。基本的には、人と人との間に糸が用意できれば、通話することができます。

糸電話と同じ構造は世の中に存在しないわけではありません。たとえば、国の首脳間のホットラインがこれに相当するでしょう。ホットラインは、電話をかければ、日本であれば首相官邸、アメリカであればホワイトハウスと自動的に接続されます。ホットラインという概念は明らかに糸電話と同じしくみです。一対一の通話であれば、必要になる糸は1本ですみ、本質的には糸電話で問題ありません。

では、10人が糸電話で話す場合はどうでしょうか？　一対一の場合には、ネットワークで必要

な糸の数は1本でした。しかし、10人の場合では、

それぞれが通話する相手（9人）×全体の数（10人）／2（糸は1本で通話可能なため）＝45本となり、45本の糸が必要になります（図1－4）。

さらに、日本人全員（1億2000万人）が糸電話を使った場合を考えてみると、

$$\frac{(120000000-1)\times 120000000}{2}=7199999940000000$$

となり、じつに約7200兆本の糸が必要になります。これを一般化すると、

糸電話ネットワークに n 人いる場合、

$$\text{必要な糸の数}=\frac{n\times(n-1)}{2}$$

となり、n が大きくなればなるほど、必要となる糸が指数関数的に増加していきます（図1－5）。

このことから、糸電話方式の場合、ネットワークの規模が大きくなればなる

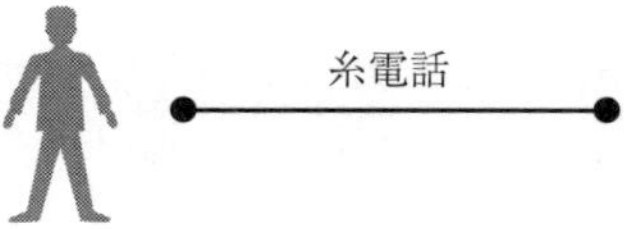

図1－3　糸電話

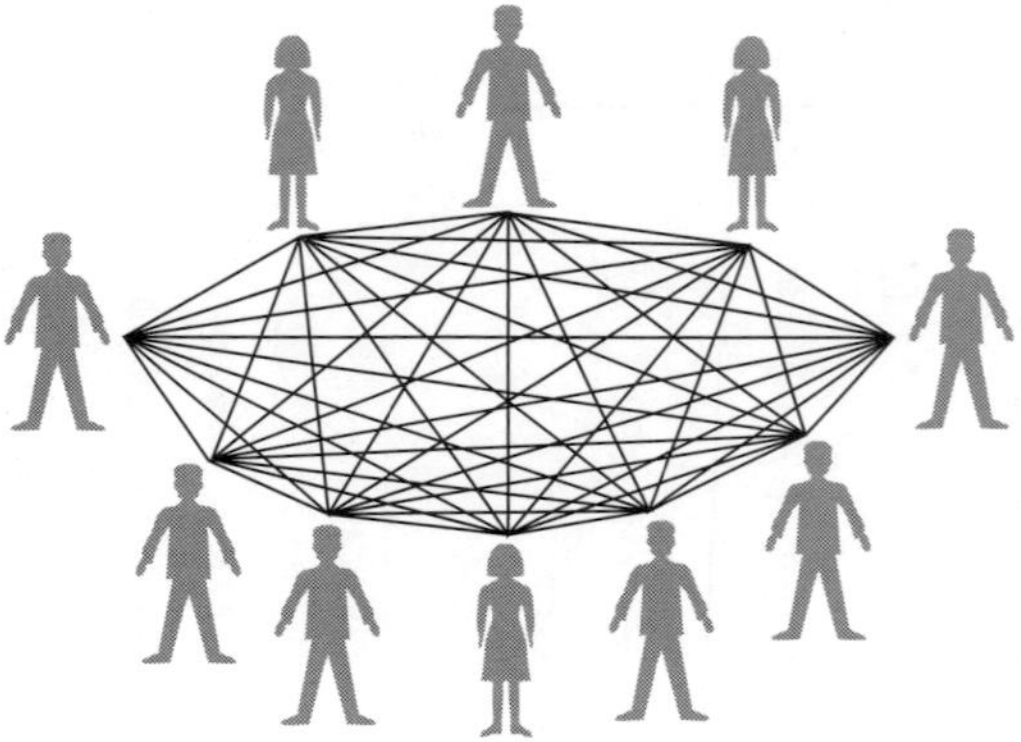

図1－4　10人での通話

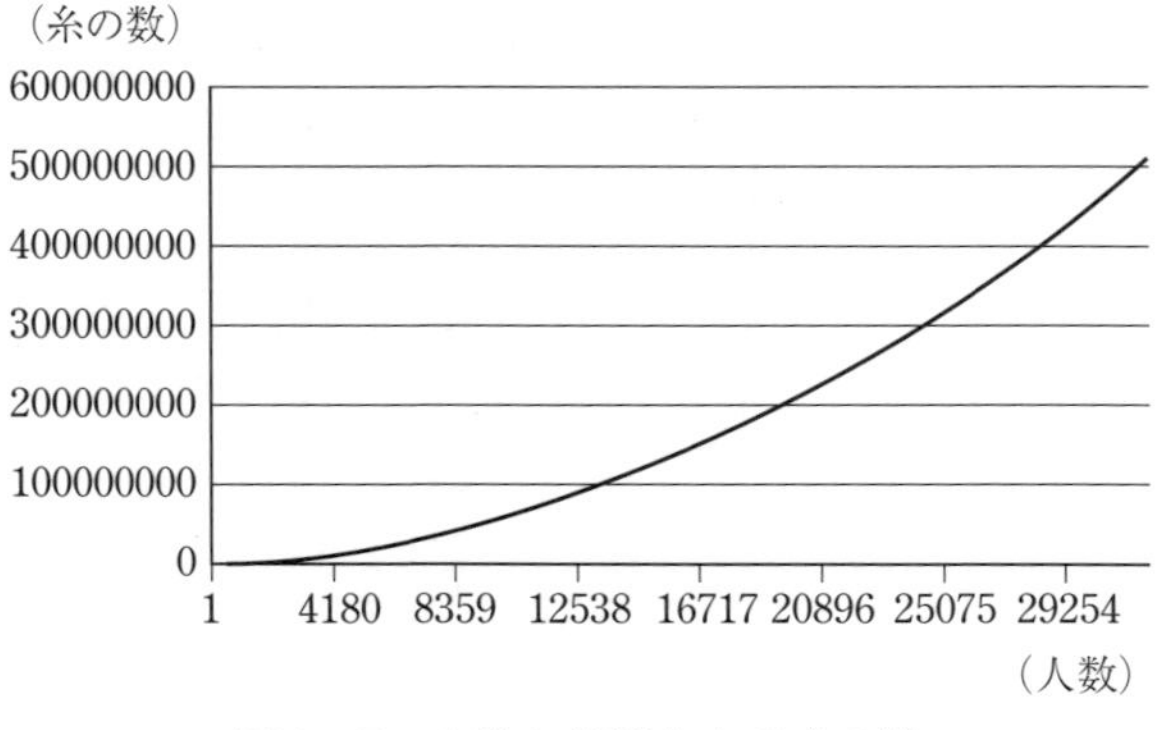

図1－5　人数と必要となる糸の数

ほど、実現するためにかかるコスト（糸の数）は莫大になり、非効率な通信ネットワークになってしまいます。

結局のところ、通信ネットワークの目指すところは、効率よく利用者に通信手段を提供することで、この点において糸電話は特定のケース（一対一）を除いては、ふさわしくありません。

では、現在の通信ネットワークはどのようにして効率のよい通信手段を提供しているのでしょうか？　インターネットに話を移す前に、私たちの身近な通信ネットワークである、郵便、電話について考えてみましょう。

通信ネットワークその1——郵便

郵便とは、私たちが手紙を送信・受信するための通信ネットワークです。たとえば、誰かに手紙を送る場合、送り手と受け手が近所であれば直接届けるという方法もあります。しかし、たとえば送り手が東京で、受け手が大阪の場合、大阪まで出向いて直接届けるケースはまずないでしょう。

距離の離れた場所にいる相手に手紙を送る場合、私たちは郵便を利用します。郵便のしくみも、インターネット同様ブラックボックスです。図1‐6を見てください。私たちが手紙を書いて投函すると、ポストの郵便物は郵便局で仕分けされ、宛先に最も近い郵便局へ輸送されます。

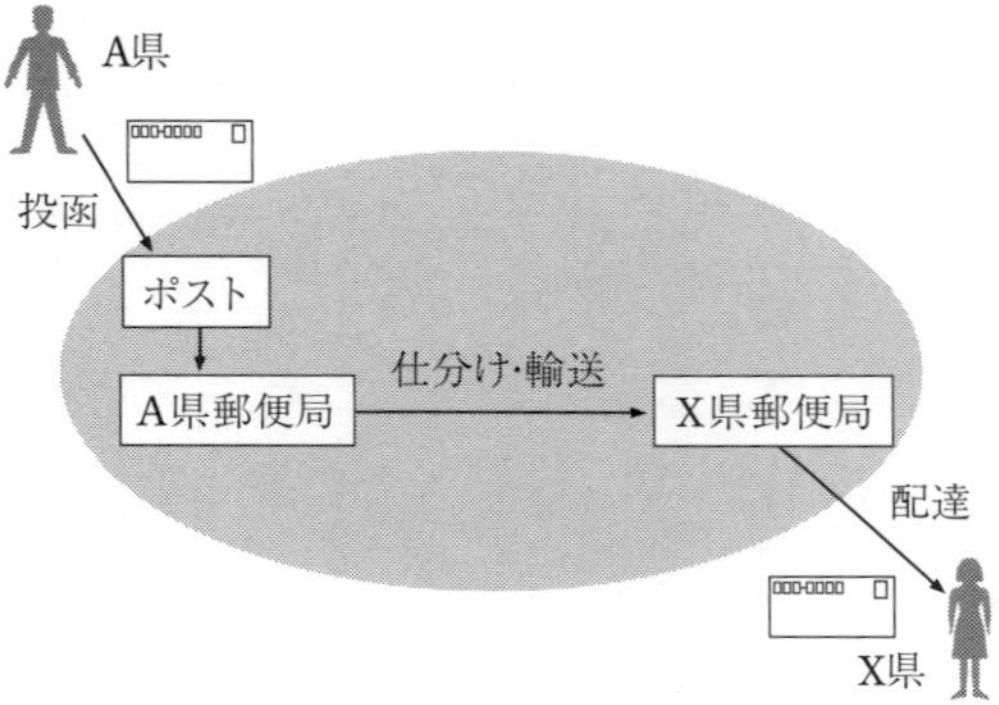

図1−6　手紙が届くまで

そして、その郵便局から宛先に配達されるのです。

　では、直接届ける場合とくらべて郵便はどのように効率的でしょうか？　それは、郵便が各ポストからの手紙を束ねて輸送できる点にあります（図１−７）。たとえば、ある郵便局に１００通大阪宛の手紙があるとすると、この１００通は当然ながら一通一通大阪に輸送する必要はありません。１００通をまとめて輸送すればよいのです。

　ただし、この場合、手紙を配達するために、宛先を明確に示す情報が必要です。近所に直接届ける例では、基本的に宛先は必要ありません。しかし、郵便の場合は宛先が明確になっていないと届きません。郵便は、一対一のネットワークではなく、不特定多数の郵便物を〝束ねて〟全国に配送しているからです。

　また、単に束ねるだけでは最終的に宛先には届きません。宛先を何かしらの判断で特定する必要があります。

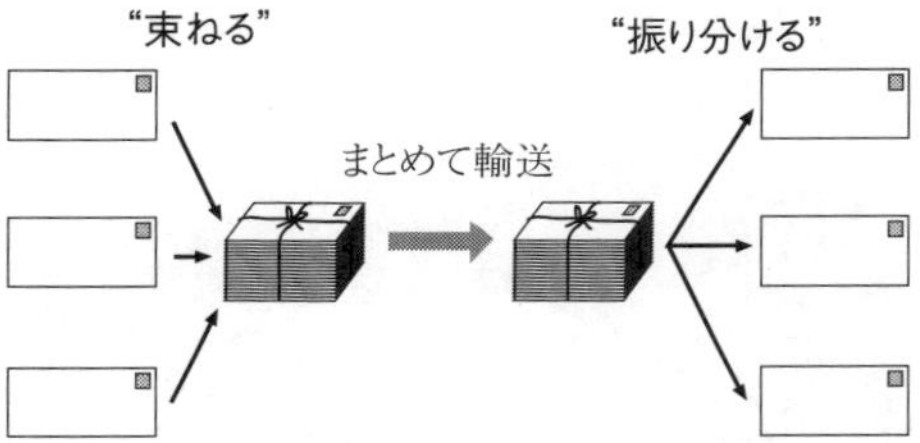

図1－7 “束ねる”と“振り分ける”

つまり、〝振り分ける〟わけです。この〝束ねる〟と〝振り分ける〟役割を担っているのが郵便番号です。

たとえば、812-00XXという郵便番号は、X県Y市Z町に相当します。差出人がA県で812-00XXのAさん宛に手紙を投函した場合を考えてみましょう（図1－8）。

まずは宛先が「X県」にあるということがわかればよく、「Y市Z町」までは必要ありません。ここで、「左端の数字が8＝X県」という情報がわかっていれば、左端の数字だけに注目し、8であるものをまとめてX県の郵便局に届ければよいわけです。これが〝束ねる〟に相当します。

手紙がX県の郵便局に到着したら、今度はY市を表す番号812で〝振り分ける〟ことでY市の郵便局に到着します。そして、そこから宛先に配達する際には、右4桁の00XXによって、Z町という、より詳細な住所に〝振り分ける〟わけです。

ただし、この〝束ねる〟と〝振り分ける〟を実現するための前提条件は、郵便番号とX県Y市Z町という組み合わせが常に一対一対

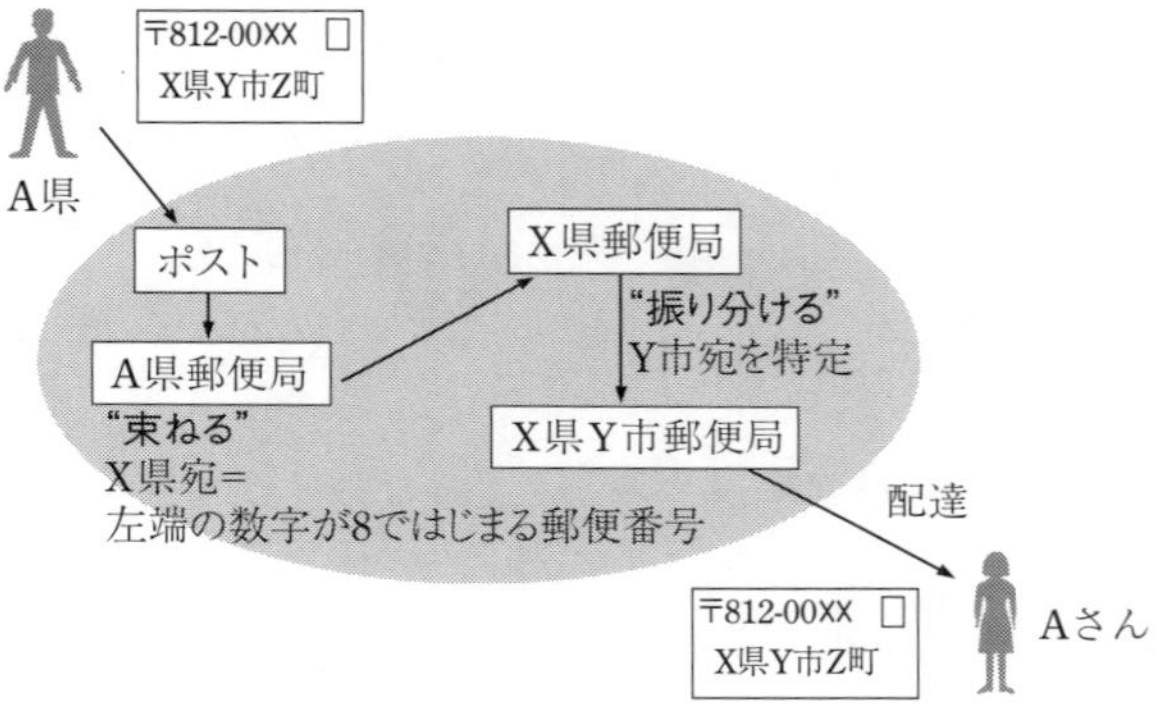

図1−8　郵便のネットワーク

応であること、すなわち郵便番号が重複しないことです。たとえば、812-00XXがX県Y市Z町とP県Q市R町の2つに該当しては振り分けができません。つまり、郵便番号は常に一意に特定できることが必要となります。このような振り分ける役割を持つものを、識別子と呼びます。

以上をまとめると、郵便の場合、宛先をひとかたまりにする〝束ねる〟作業と、そのひとかたまりの宛先から詳細な宛先へと〝振り分ける〟作業によって、効率よい配送を実現しています。この〝束ねる〟と〝振り分ける〟は、インターネットにおいても非常に大切な概念となります。

通信ネットワークその2——電話

つぎに、通信ネットワークとしての電話がどのように効率のよい通信を実現しているのか考えてみましょう。

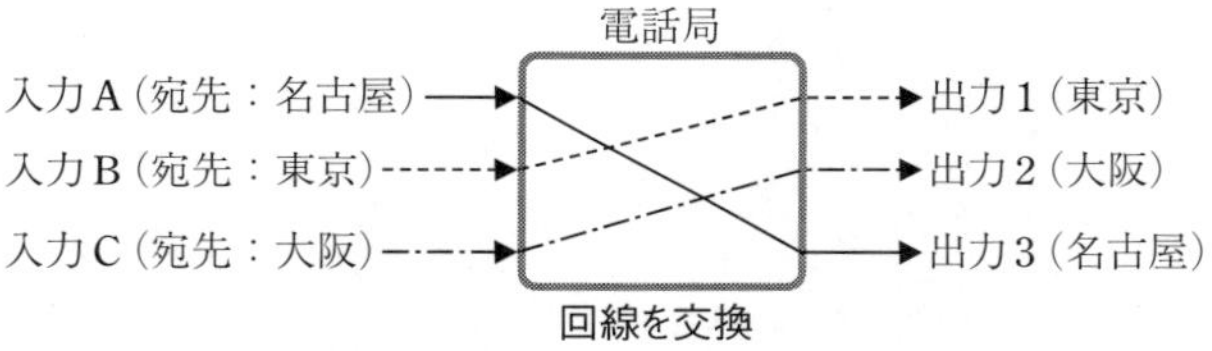

図1−9　電話局での回線交換

最近は、コンサートなどのチケットもインターネット経由での予約が増えてきましたが、電話で申し込もうとしたものの、混雑していてなかなかつながらなかったという経験はないでしょうか。あるいは、友だちに電話しても、その友だちは長電話しているのでいつも通話中などという経験は誰もが持っているでしょう。

ところで、電話での「通話中」とは何を意味するのでしょうか？　それを説明する前に、まずは通話のしくみについて整理しておきましょう。

電話のネットワークとは、各電話局で回線を交換して1本の糸をつなぐ糸電話です。図1−9は電話の典型的な回線交換を示しています。電話局では、入力A、B、Cの電話回線を宛先に応じてそれぞれ出力1（東京）、出力2（大阪）、出力3（名古屋）へつなぎかえる（スイッチ＝交換）ため、回線交換と呼ばれています。

前述したように、単純な糸電話はそのネットワークが大きくなればなるほどコストが莫大になってしまいます。電話は、各ポイント（電話局）で糸を交換するという方法でこの問題を解決しているのです。

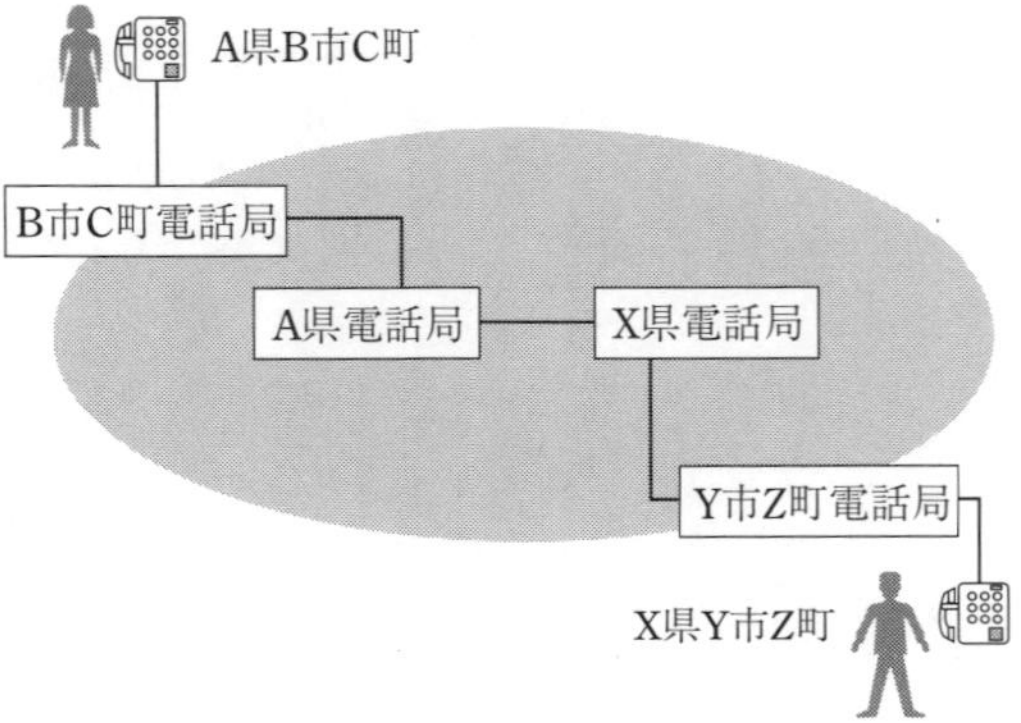

図1－10　電話のネットワーク

図1－10は、A県B市C町からX県Y市Z町へ電話する場合を示しています。A県B市C町からかけた電話は、B市C町電話局→A県電話局→X県電話局→Y市Z町電話局を経て、最終的に宛先へと接続されます。このとき、発信元から宛先まで1本の「糸」が確立し、電話が終了すると同時にその「糸」は切断されます。

　基本的に家庭の場合、電話は1回線しかありません。つまり、糸が確立しているときに、別の糸を確立することはできません。「通話中」とは、電話のネットワークで糸が確立している状態であるということができます。

　ちなみに、B市C町電話局（支局）⇔A県電話局（中央局）の間に十分な回線を用意しておけば、宛先がどこであろうと、一回一回糸を確立すればよいので、すべての組み合わせの回線を持つ必要はありません。支局と中央局の間には十分な回線が用意されていますが、想定している数以上の回線が確立されようとした場合、電話がつながりにくくなります。

では、電話において、どのように回線を交換するのでしょうか。電話番号は、郵便番号と同様に〝束ねる〟と〝振り分ける〟役割を担っています。

たとえば、02-53XX-35YYという電話番号はX県Y市Z町のある電話の番号を表しています。A県B市C町からその番号に電話をかけた場合、A県電話局を経由してX県電話局につながれるわけですが、このとき、「X県Y市」までの情報は必要ありません。X県の市外局番である02だけで十分です。まず、02を〝束ねて〟いるX県電話局まで糸を接続します。そして、つぎに53XXでY市Z町電話局に〝振り分け〟、最終的に宛先53XX-35YYとの間で糸を確立すればよいのです。

電話も郵便と同様、電話番号という番号体系が〝束ねる〟、〝振り分ける〟役割を果たし、それが電話ネットワークの効率を向上させているのです。

コラム 2 手動回線交換

回線交換でのつなぎ換え作業は70年以上前からデジタル電話交換機として自動化されていますが、それ以前は人間が手作業で回線交換をしていました。大正2年（1913年）当時、東京の電話交換手は

２０００名いましたが、一日の市内電話数は68万回もあり、「いつも話し中でつながらない」、「間違いが多い」という苦情が殺到していました。

そこで、企業や銀行は熟練交換手を引き抜き、企業・銀行独自の私設交換台が急増しました。ところが、それが電話交換の混乱に拍車をかけることとなり、手動回線交換から自動回線交換への転換のきっかけとなったのです。

コラム③ インフラストラクチャーと天災

科学者でありながら夏目漱石の門下として多くの随筆を残している寺田寅彦は、「天災と国防」というエッセーのなかで、こんな指摘をしています。

「しかもいつも忘れられがちな重大な要項がある。それは、文明が進めば進むほど天然の暴威による災害がその劇烈の度を増すという事実である」

電話の場合、日本全国の有線電話および無線電話を糸電話のように接続しようとすると、莫大なコストがかかります。したがって、ある程度のキャパシティを決めて、通常はそのキャパシティのなかで電話の回線交換が行われます。その結果、たとえば地震が発生して、安否確認のために特定の地域でキャパシティ以上の電話の回線交換が行われると、その地域で電話機能が麻痺してしまうという事態が発生します。

これは電話に限りません。多くのインフラストラクチャーは予算などの制約のなかで成り立っているので、天災などの想定していない場面に出くわすと、とたんにその機能が麻痺してしまいます。寺田寅彦は、80年以上前にその本質を見抜いていたといえるのではないでしょうか。

第2章 インターネットはなぜ生まれたのか？

インターネットの普及で生活が変わった、インターネットによる情報革命は世の中を変えたとよくいわれます。しかしながら、第1章で述べたように、インターネットは、郵便や電話といった通信ネットワークとコミュニケーションという機能面においては同じです。

では、ほかの通信ネットワークと比べて、インターネットのどういった点が「革新的」なのでしょうか？　それは、インターネットが郵便・電話以上に効率のよい通信ネットワークを提供している点につきます。

インターネットが効率のよいネットワークを実現できたことは、その誕生の背景と密接にかかわっています。本章では、インターネット誕生のいきさつについて述べていきます。

インターネット誕生の背景

インターネットが誕生することになったそもそものきっかけは、１９５７年、旧ソ連の人工衛星スプートニク打ち上げにまで遡《さかのぼ》ります。当時、アメリカと旧ソ連は冷戦の真っ只中で、お互いに軍事的優位に立つべく軍事技術の向上に努めていました。

そうした状況のなかで、アメリカが開発できていなかった人工衛星を旧ソ連がいち早く開発したのです。アメリカにとって、スプートニクの打ち上げは衝撃的なものでした。これを受けてアメリカの軍事関係者は危機感を抱きます。なぜなら、１９５０年代初めに開発を始めた、ＮＯＲＡＤ（North American Aerospace Defense Command：北アメリカ航空宇宙防衛司令部）による爆撃機監視システムであるＳＡＧＥ（Semi Automatic Ground Environment：半自動式防空管制装置）が採用していた中央集中型アーキテクチャーの有用性を根底から覆すものであったからです。

ＳＡＧＥは、北米の海岸線にレーダー施設を設置し、その情報をもとに遠隔地点から迅速に敵爆撃機を発見し、今後の空路を予想し迎撃するための防空システムで、第2次世界大戦直後からその構想がスタートしました。もちろん、スプートニク打ち上げの遙か前の話です。問題は、レーダー施設からの情報をどういう手段を用いて伝達するかにありました。レーダーで爆撃機を発見すると、あまりにも多くの報告が迎撃を担当する司令部に集中し、すべての情報を処理できない可能性が十分考えられたのです。

そこで、１９４８年、マサチューセッツ工科大学のジョージ・バレーは、この問題をコンピュータによる自動化によって解決しようと試みます。つまり、レーダー施設からの情報を中央司令部に集中させ、そこから次の空路を予想して迎撃を指示すれば、そのオペレーションは効率的になると考えたわけです。

アメリカ空軍はこの解決案をもとにコンピュータ製造とプログラム開発を開始し、１９５９年からＳＡＧＥのオペレーションが開始されました。

しかしながら、スプートニクの軍事利用が現実的になれば、その攻撃はＳＡＧＥでカバーできる範囲を大きく超えることがわかりました。ＳＡＧＥの前提は敵の爆撃機は沿岸から飛来することで、宇宙からの攻撃は想定していませんでした。スプートニクに核弾頭ミサイルを搭載し、宇宙からＳＡＧＥの中央司令部であるＳＡＧＥセンター（当時はニュージャージー州のマクガイア空軍基地）を攻撃すれば、ＳＡＧＥさらには米国の国防戦略は完全に崩壊します。

さらには、１９５７年11月にはスプートニク２号が完成し、衛星の重量も５０８kg（１号は83・６kg）と大型化したのに加えて生命維持装置を備えており、実際に核弾頭を取り付け世界中のあらゆる場所を攻撃できることを示唆していました。これを危惧したアメリカ政府は、科学技術の発展によって対応するしかないと考えます。

そのための第一歩として、１９５７年アメリカの軍事・宇宙技術を結集した組織を作ります。これが後のインターネットを作り出した組織の母体となるＡＲＰＡ（Advanced Research Projects Agency：高等研究計画局）でした。

ＡＲＰＡの課題は、旧ソ連からの衛星を経由した核攻撃にも耐えることができるネットワークを構築することでした。問題の本質は、中央（ＳＡＧＥセンター）が予期しない攻撃を受ければ、ＳＡＧＥシステムはまったく機能しないという点です。そこで、中央に依存しない、新たな通信方式を模索しはじめ、ランド研究所に次世代通信システムを研究委託しました。

コラム 4 軍事技術の民間転用

アメリカでは、インターネットをはじめとして現在利用されている技術のなかで、当初は軍事利用されていたものを民間に転用した例が少なくありません。ＳＡＧＥもその一つです。

ＳＡＧＥは、AN/FSQ-7と呼ばれるＩＢＭが製造したコンピュータ2台を核としており、約5万5000本の真空管、17万個のダイオード、200万個の磁気コアで構成され、重さ275トン、消費電力300万ワット、設置面積2000平方メートルと、当時のコンピュータシステムではその規模は突出していました（図2－A）。

SAGEそのものは軍事利用目的ですが、「拠点から情報を送信↓中央コンピュータでその情報をもとに解析↓次のアクションを指示」というシステムは軍事利用以外にも応用が可能です。AN/FSQ-7を開発したIBMは、この経験を活かしてアメリカン航空とSABER（Semi-Automatic Business Environment Research：半自動ビジネス環境の研究）というチケット予約システムの半自動化プロジェクトを開始しました。

図2-A　AN/FSQ-7
Courtesy of The MITRE Corporation

航空会社の予約システムは、SAGEが実現したアーキテクチャーとよく似ています。つまり、レーダーの代わりに発券オフィスがあり、予約や問い合わせをセンターに送信します。センターでは途中で人手を介すことなく、各フライトの残り座席を参照し、残席があれば予約するという流れです。

実際、アメリカン航空だけではなく、数多くの航空会社がこのシステムを利用することとなり、チケットオンライン予約システムの標準になりました。日本の旧国鉄、現在のJRの座席指定オンラインシステムMARS（Multi Access seat Reservation System：旅客販売総合システム）もこれを参考にしたといわれています。

ポール・バランのアイデア

ＡＲＰＡから次世代通信システム研究の委託を受けたランド研究所では、ポール・バラン（Paul Baran・図２－１）を中心とした研究チームを発足させ、１９６１年、“On Distributed Communications”（分散通信について）という論文が発表されました。

そのなかでポール・バランは、（a）集中、（b）分権、（c）分散の３つのネットワークを定義しています（図２－２）。

「集中」とは、すべてのノード（点）が１つの集中ノードを経由して通信を行う方式です。また、「分権」とは、複数の集中ノードに分権して通信を行う方式です。この２つの方式では、特定の集中ノードがダウンした場合は、ネットワークの接続性が失われてしまいます。

図2－1　ポール・バラン
©RAND Corporation

それに対して、分散方式では集中ノードを作りません。この方式なら、どのノードがダウンしてもネットワークの接続は失われないのです。ポール・バランらはこの方式の実現を目指しました。分散方式を実現するための概念が「冗長性」です。

冗長性とは、「始点から終点まで複数の経路が存在すること」を意味します。冗長性をよく表す身近な例とし

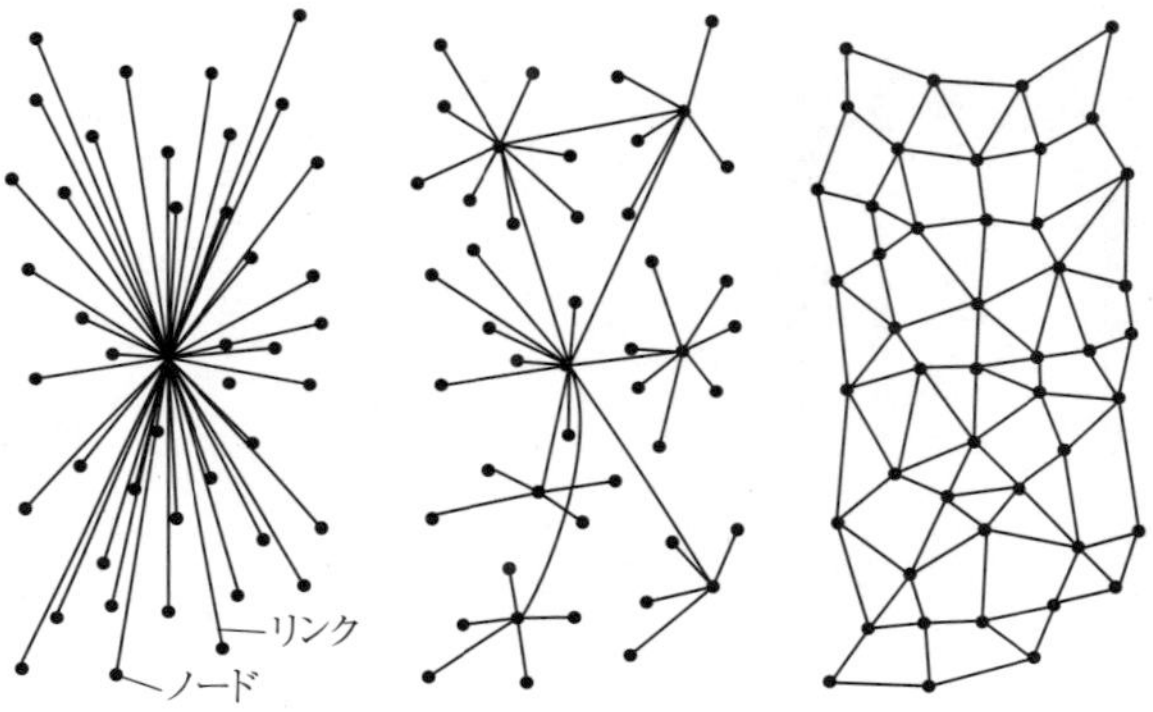

（a）集中　（b）分権　（c）分散

図2-2　ネットワークにおける3つの方式

http://rand.org/pubs/research_memoranda/2006/RM3420.pdf より改変

て、図2－3に示したような電車・地下鉄網があります。

たとえば、新宿から東京まで到達するためには、

1. 新宿→東京メトロ丸ノ内線→東京
2. 新宿→都営地下鉄新宿線→神保町→都営地下鉄三田線→大手町→東京メトロ丸ノ内線→東京
3. 新宿→JR山手線→東京
4. 新宿→JR中央線→東京

など、新宿（始点）から東京（終点）まで4種類以上もの組み合わせがあり、始点から終点まで複数の経路が存在しています。仮にJR山手線で事故が発生し、3の経路が利用できない場合でも、ほかに1東京メトロ丸ノ内線を利用する、2都営地下鉄新宿線を利用する、4JR中央線を利用す

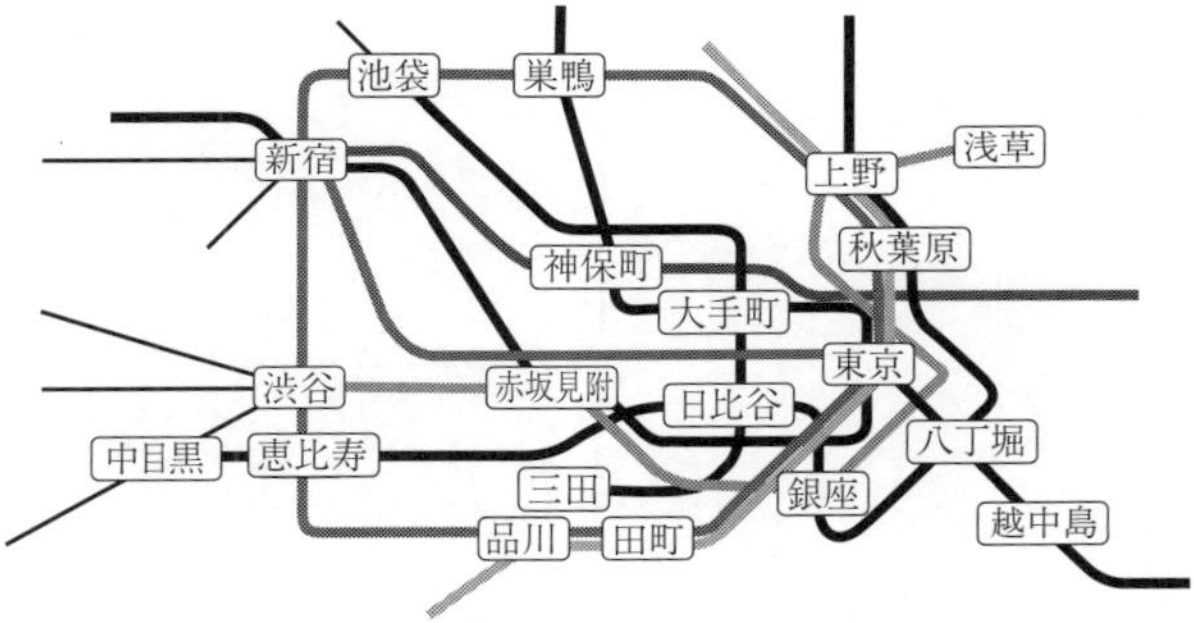

図2-3　電車・地下鉄網

る、という3つ以上の選択があるという点で冗長であるといえるのです。

バランらは、冗長レベル（R）を「リンク数／ノード数」として表しました。まず、R＝1・5となる例を考えてみましょう（図2－4）。ノード数は、A、B、C、Dの4つ。そして、リンク数は、（1）A－B、（2）A－C、（3）A－D、（4）B－A－C、（5）B－A－D、（6）C－A－Dの6つなので、冗長レベルは6／4＝1・5となります。

同様に、R＝2の場合は、10／5＝2、R＝3の場合は、21／7＝3、R＝4の場合は36／9＝4となります（図2－5）。

冗長レベルとは、言い換えれば1ノードあたりどれだけのリンクが存在するかを表しており、バランらは、どれだけの冗長レベルがあれば攻撃に耐えられるかをシミュレーションしました。その結果、冗長レベルが3のときに十分

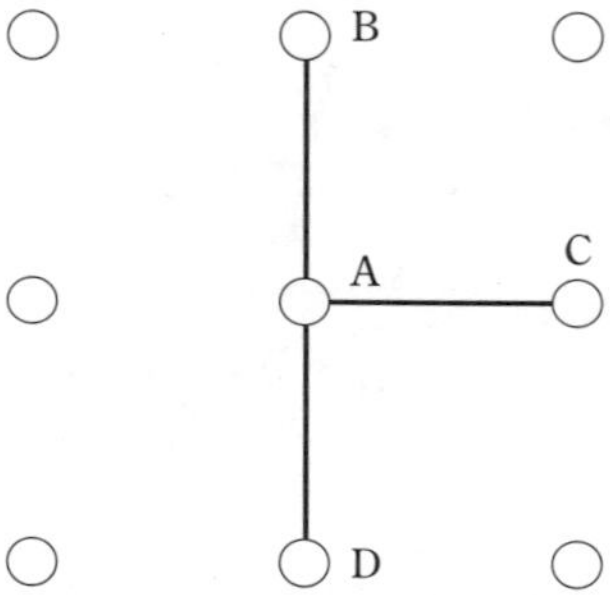

図2-4　冗長レベル1.5の場合

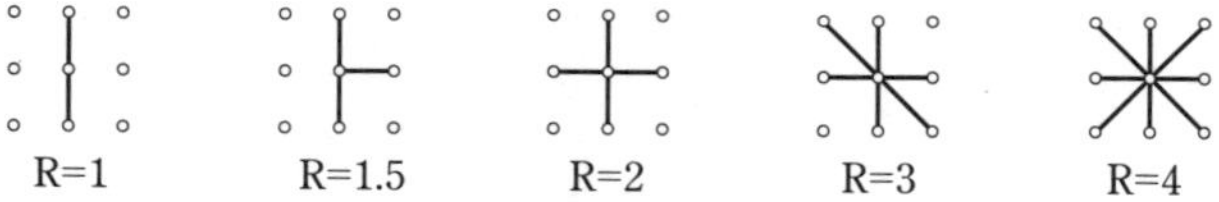

図2-5　冗長レベル

な冗長性が確保される、すなわち、あるリンクが切断されてもほかのリンクに切り替え可能となることがわかりました。

冗長レベル3を確保したい場合に必要なリンク数は、10ノードであれば30リンク、１００ノードであれば３００リンク、１０００ノードであれば３０００リンクです。つまり、ネットワーク中のノードに対して必要なリンク数は、「ノード数×冗長レベル（この場合3）」であり、それにかかるコストと照らし合わせてみると実現できるレベルではありませんでした。

そこでポール・バランらは、当時データ送信に用いられていた時分割多重方式(Time Division Multiplexing) にヒント

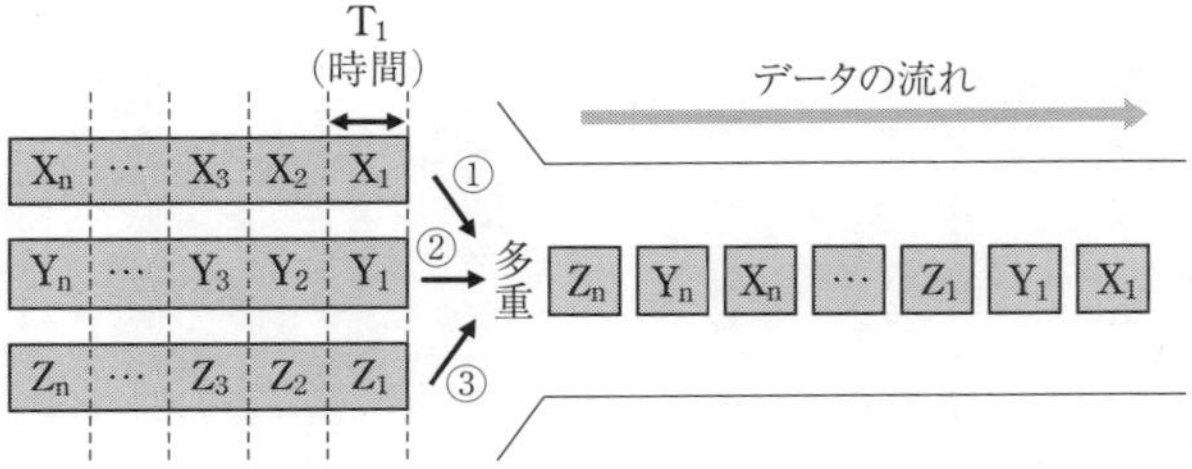

図2-6　時分割多重方式

X、Y、Zのデータをそれぞれ一定時間（T_1）で送れる量に分割することで、たとえばX_1、Y_1、Z_1はほぼ同時（多重）に送れるため、データ到着時間の差が少ない。

を得ました。

図2-6では、1つの回線で3種類（X、Y、Z）のデータを伝送しようとしています。このとき、最も単純な制御方式は、データを1つずつ送信することです。まずXのデータを送信し、それが終了するまでY、Zは待ちます。次にYのデータを送信し、終了するまでZが待つことになります。しかしながら、この方式では、X、Y、Zの間でデータの到着時間に著しい差が生じてしまいます。

こうした差を埋めるために考案されたのが時分割多重方式です。時分割多重方式は、名前のとおり時間ごとに各データを分割します。まず、X、Y、ZそれぞれのデータをX_1、X_2…X_n、Y_1、Y_2…Y_n、Z_1、Z_2…Z_nに分割します。そして、その分割したデータを1つの回線においてX_1↓Y_1↓Z_1↓X_2↓……の順に送信します。これによって、データ到着時間の差を小さく抑えて1つの回線で伝送することが可能になります。受信側では、分割されて届いたデータを集めて、元通りにすればよいわけです。

ポール・バランらは、この時分割多重方式をネットワーク上で利用すれば、リンク数が少なくても冗長性を保つことができると考え、情報（メッセージ）を塊に区切った「メッセージブロック」を提案しました。しかしながら、その提案では可能性のみが指摘されており、メッセージブロックをデジタル情報として取り扱う具体的な方法については触れられていませんでした。

銀河系間ネットワーク

ポール・バランが分散通信の研究をしていたのと同時期の１９６２年、米国のコンサルティング会社ＢＢＮ社のコンサルタント、リックライダー（J. C. R. Licklider）が、ＡＲＰＡのＩＰＴＯ（Information Processing Technology Office：情報処理技術オフィス）の初代室長に就任しました。

彼は、現在のインターネットの礎となるコンセプト、「銀河系間ネットワーク」について記したメモを作成します。「銀河系間ネットワーク」とは、世界中の誰もがどこからでもアクセスできるネットワークであり、リックライダーのメモでは、それこそが今後のネットワークのあるべき姿であると述べられていました。

パケットの誕生

その「銀河系間ネットワーク」構想を引き継いで、ＩＰＴＯの室長に就任したのがラリー・ロバーツ（Larry Roberts）です。ロバーツは、コンピュータ技術において、あるコンピュータから別のコンピュータへ容易に、そして経済的にアクセスできるコンピュータネットワークこそが取り組むべき課題であると認識していました。

こうした彼の思いを実現するきっかけとなったのが、１９６５年、アメリカのＭＩＴ（マサチューセッツ工科大学）で行われた、イギリス国立物理研究所（ＮＰＬ：National Physical Laboratory）の物理学者ドナルド・デービーズ（Donald Davies・図２－７）による、リックライダー、ロバーツを含むＡＲＰＡ関係者を対象にしたセミナーでした。

図2−7　ドナルド・デービーズ

©Courtesy of NPL
Crown copyright 1974

デービーズは、前述の時分割多重方式を研究課題にすえており、コンピュータシステムにおいて、データを小さなブロックに分割して転送し、受信側でそのブロックを蓄積して元のデータに組み立てる“store and forward”（蓄積と転送）こそが理想的な通信方法だと主張しました。

そして、図２－８のようなコンピュータコミュニケ

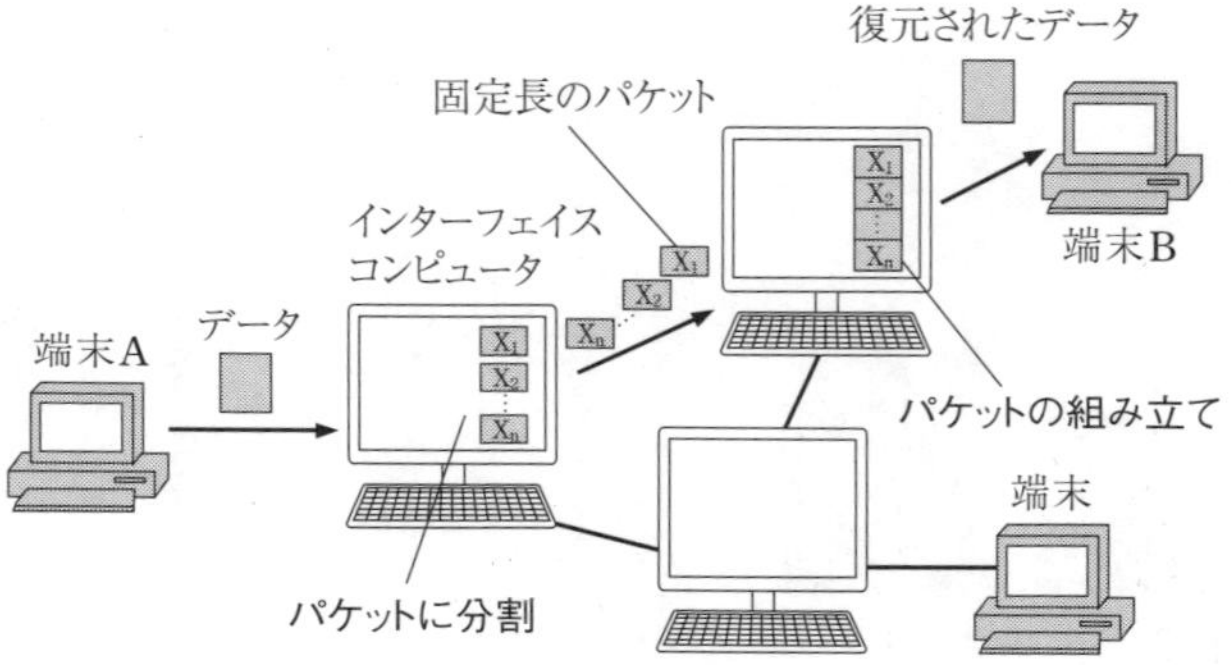

図2−8　インターフェイスコンピュータによるネットワーク

ーションネットワークを提案したのです。このネットワークにおける最大の特徴は、「インターフェイスコンピュータ」(Interface Computer)の存在でした。

　端末Aから端末Bにデータを送る場合、まず、端末Aがインターフェイスコンピュータにデータを送信します。インターフェイスコンピュータはそのデータを固定長(128バイト)のデータの塊に分割して、次のインターフェイスコンピュータに送信します。そして、宛先のインターフェイスコンピュータは、そのデータの塊を組み立て、もとのデータに戻して端末Bに送信するわけです。端末Bから端末Aにデータ送信をする際も同様に、データの分割・組み立てを行います。

　分割されたデータの塊のことを、デービーズは、英語で小包を意味する「パケット」(packet)と呼びました。図2-8のネットワークが、今日のパケット通信の始まりとなっています。そして、このインターフェイスコンピュータをPacket Assembler/Disassembler（ＰＡＤ）、直訳すればパケットの分割・組み立て・解読を実現するコンピュータと呼びました。なお、当時のパケットサイズは１２８バイト、現在は１５００バイトとサイズは10倍以上に増えていますが、概念は同じです。

さらに、デービーズは、こうした「蓄積と転送」を実現するためには、1.5Mbps（megabits per second：メガビット／秒）程度の高速回線が必要であり、それには電話回線を使えばよいことを指摘しました。デービーズの提案は、だいたいにおいてバランらの提案と似ています。しかしながら、バランらが軍事用の機密通信システムを実現しようとした一方、デービーズの提案は大学・研究機関などにあるコンピュータの接続をするためのものでした。

いずれにせよ、デービーズのセミナーは、ロバーツらに、パケットによる通信こそがコンピュータネットワークにおいて必要な要素であることを確信させることになったのです。

初のパケット交換ネットワーク

１９６６年、ロバーツはＡＲＰＡの支援を得て、最初のネットワーク接続を実現します。ＭＩＴリンカーン研究所にあるスーパーコンピュータＴＸ－２と、カリフォルニア大学サンタモニカ校のコンピュータＱ－32とを専用の電話回線（1200bps）を利用して接続したのです。

普通、コンピュータは０と１のデジタル情報で処理をします。一方、当時の電話回線はアナログ信号のみで、デジタル情報を取り扱うことができませんでした。デジタルからアナログへの変換を行うのが音響カプラーです。音響カプラーを用いてコンピュータ（ＴＸ－２）のデジタル情報を音（アナログ信号）に変換し、その音声を電話回線経由でＱ－32に送り、Ｑ－32が音声をデジタル情報に変換したわけです。

この実験では、たしかに電話回線を通じてデータを送受信することができ、コンピュータネットワークの第一歩としては画期的だったといえます。しかし、電話回線をそのまま利用したため、コストが高い、遅い、かつ信頼性が保証されないという点において、実用には程遠かったのです。

この数ヵ月後、ロバーツはＡＲＰＡのＩＰＴＯの責任者に就任します。当時のＡＲＰＡは、アメリカの主要な大学・研究機関におけるコンピュータ関連の研究をサポートしていました。大学・研究機関では、次の５つを実現できるコンピュータネットワークが必要とされていました。

①負荷分散―プログラムやデータを遠隔のコンピュータに送信し負荷を分散する機能。
②メッセージサービス―電子的なメッセージサービスを実現する機能。
③データ共有―遠隔のデータにアクセス、共有する機能。
④プログラム共有―遠隔のコンピュータにプログラムを送信し、共有する機能。
⑤リモートサービス―遠隔のコンピュータにログインし、プログラムとデータを利用する機能。

ロバーツは、こうした要求および電話回線を用いたコンピュータ接続実験の結果を踏まえて、パケット交換によるコンピュータネットワーク「ＡＲＰＡＮＥＴ」を構想します。当初のＡＲＰＡＮＥＴ構想は、16の研究グループをコンピュータネットワークで接続し、交換するパケットの量が一日あたり50万パケットでも耐えることのできるインターフェイスコンピュータを設計しようというものでした。当初のトラフィック量（パケット交換の量）が数百パケットにとどまっていたところから考えると大きな進歩といえるでしょう。

そして、この構想が公になったのが、１９６７年10月にテネシー州で行われたアメリカコンピュータ学会のシンポジウムでした。このシンポジウムには、ＡＲＰＡ関係者のみならず、ポール・バランやドナルド・デービーズも参加し、それぞれ個別に進めていた研究をはじめてお互いに認知する場となりました。そして、パケットを交換するインターフェイスコンピュータであるＩＭＰ（Interface Message Processor：インターフェイスメッセージプロセッサ）の実現に関しての議論が行われたのです。

シンポジウムの後、ロバーツらは、ＩＭＰを実現するために必要な性能要求をまとめた文書を発表します。パケット交換の基本的な考え方については、デービーズのインターフェイスコンピュータおよびパケット、そして、バランのメッセージブロックをもとにしていましたが、より詳細に、ネットワークにおけるルーティング、ソフトウェア設計、ネットワーク設計などについてまとめたものでした。

ARPANETにむけて

ロバーツらは、IMPを実現するコンピュータを探しました。当時のコンピュータはメーカーによって機能がバラバラで、現在と違って汎用的に作られていません。さまざまなコンピュータに対応できるIMPのハードウェアを製造するには、莫大なコストがかかります。アメリカの主要なコンピュータメーカーがIMP実現に興味を示しましたが、コスト面で折り合いがつかず、かわってマサチューセッツ州のコンサルティング会社BBNがHoneywell516というミニコンピュータを提供し、これがIMPを実現するための最適スペックと判断され、IMPの開発が始まりました。

IMPの開発においてもっとも大きな問題は、IMPとコンピュータ端末とのコミュニケーションでした。IMP同士はパケットを転送するという点で仕様が共通していますが、当時のコンピュータはメーカーによって機能がまったく違っていて、そのなかでどうやってIMPと通信をするか、なかでも文字をどう扱うかが問題となったのです。

たとえば、日本で手紙を送る場合、手紙の宛先（住所・宛名）を日本語で書けば届きます。しかしながら、たとえば日本からアメリカに手紙を送る場合、アルファベットでなく日本語で住所

0	0	0	0	0	0	0
0	1	1	1	1	1	0
0	0	0	1	0	0	0
0	0	0	1	0	0	0
0	0	0	1	0	0	0
0	0	0	1	0	0	0
0	0	0	1	0	0	0

図2－10
「T」のデジタル情報

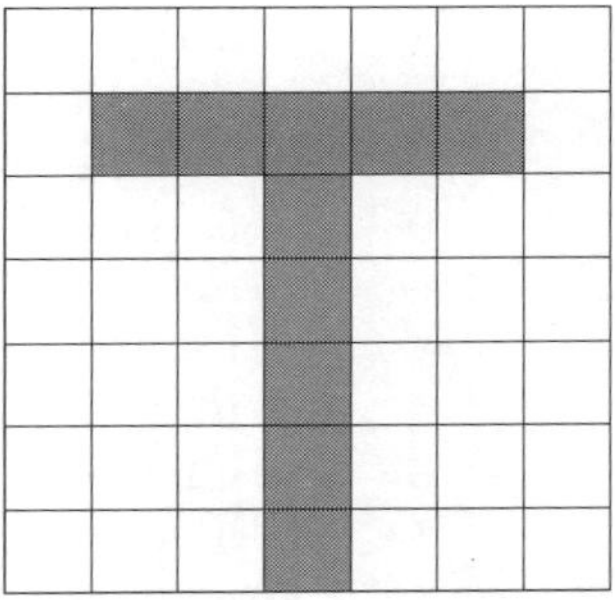

図2－9　ビットマップ方式

を記しては、配達の保証はされません。

コンピュータネットワークを通じて文字を送信する場合も同様のことがいえます。あるコンピュータが「A」という文字を送信したとき、ほかのコンピュータがそれを「A」と受け取るためには、情報の加工法を共通にする必要があります。コンピュータの場合、デジタル（0と1のビット）で情報を処理するので、なんらかの形で文字情報をデジタル化する必要があるわけです。

これを実現するためにはいくつかの方法があります。たとえば、図2－9のように7×7のマス目を用意します。そして、「T」の文字に当てはまるマスを埋めると、マスを（1）塗りつぶされている、（2）塗りつぶされていない、の2つの情報パターンで識別することができます。（1）を「1」で表し、（2）を「0」で表すと、図2－10のようなデジタル情報に置き換えることができるのです。

この方法をビットマップ方式と呼び、画像をデジタルデ

A	1000001	N	1001110
B	1000010	O	1001111
C	1000011	P	1010000
D	1000100	Q	1010001
E	1000101	R	1010010
F	1000110	S	1010011
G	1000111	T	1010100
H	1001000	U	1010101
I	1001001	V	1010110
J	1001010	W	1010111
K	1001011	X	1011000
L	1001100	Y	1011001
M	1001101	Z	1011010

図2－11　ASCIIコードによる文字変換

ータに変換する場合、よく用いられています。しかしながら、仮に７×７のビットマップ方式の場合、一文字あたりに必要なビットは７×７＝49ビットになり、１２８ビットのパケットには2文字しか詰め込むことができないので、あまり効率がいいとはいえません。

もう一つの方法は、一言でいうと「文字に番号をつける」ことです。たとえば、「A」に１番、「B」に2番というように送信側で番号をつけ、受信側でその番号を1番だったら「A」、2番であれば「B」と変換します（図2－11）。この方式はＡＳＣＩＩ（American Standard Code for Information Interchange：アスキー）と呼ばれ、ＡＲＰＡＮＥＴ構想の4年前である１９６３年に、アメリカの標準策定機関であるＡＳＡ（American Standards Association）によって定義され、パケット通信以外のコンピュータネットワークで広く使われていました。

ＡＳＣＩＩの特徴は文字コードを7ビットで表現できることです。たとえば、「Ａ」を示すコードは「1000001」です。ＡＲＰＡＮＥＴでは、この7ビットに予備の1ビットを加えて8ビットを文字コードとして利用しました。

なお、一文字を8ビットで表す場合、表現できる情報量は、2^8＝２５６通りです。この情報量は、アルファベットそしてそれに付随する記号（￥や&あるいは改行コード）を表現するには十分ですが、たとえば日本語を扱う場合にはとうてい足りません。したがって、日本語には日本語のための文字コードが存在します。

結果として、ＩＭＰの開発における最重要課題であった文字コードについては、ＡＳＣＩＩ形式を利用することになり、技術的にも目処《めど》が立ちました。そして、ロバーツとともにＩＭＰの研究に従事していたＵＣＬＡのスティーブ・クロッカー（Steve Crocker）は、１９６９年4月、ＩＭＰについてそれまでにまとまったことをインターネット標準文書にします。この文書は、「（改善のための）コメント募集」という意味で、ＲＦＣ（Request for Comments）と名付けられました。これが後のインターネットにおいて標準文書となるＲＦＣの始まりだったのです。

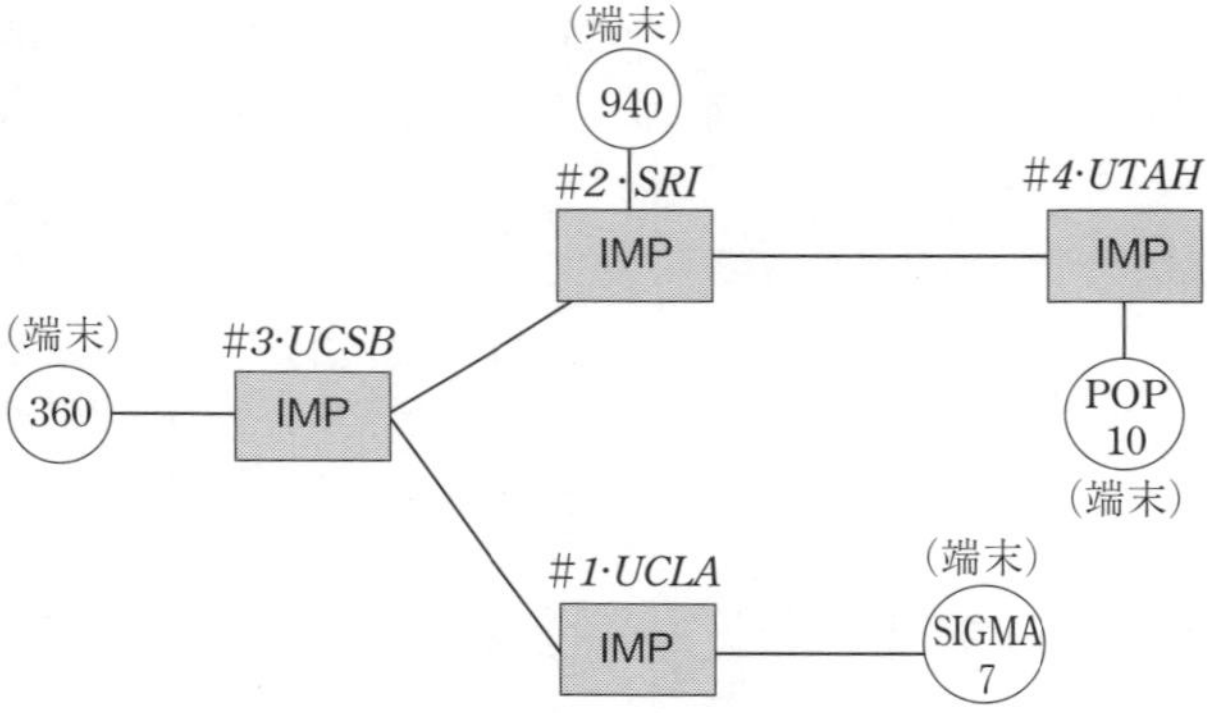

図2－12　ARPANET最初の4拠点

ＡＲＰＡＮＥＴでのパケット交換開始

ＡＲＰＡＮＥＴ構想から1年近くを経て、ようやくＩＭＰの実現に目処が立ち、初期のＩＭＰを使ってＡＲＰＡＮＥＴに最初に接続する4拠点：ＵＣＬＡ（カリフォルニア大学ロサンゼルス校）、ＳＲＩ（スタンフォード研究所）、ＵＴＡＨ（ユタ大学）、ＵＣＳＢ（カリフォルニア大学サンタバーバラ校）が決まりました。ネットワーク構成は、各拠点においてＩＭＰとコンピュータ端末が接続されており、ＩＭＰ同士がそれぞれ接続されているだけの、シンプルなものでした（図2－12）。

まず、１９６９年10月にＵＣＬＡとＳＲＩとの接続が行われました。ＵＣＬＡ＃１とＳＲＩ＃２のＩＭＰを経由した端末間接続でした。最初はログイン中に端末がクラッシュしましたが、その後は接続が成功し、ほかの拠点も後に接続に成功しました。

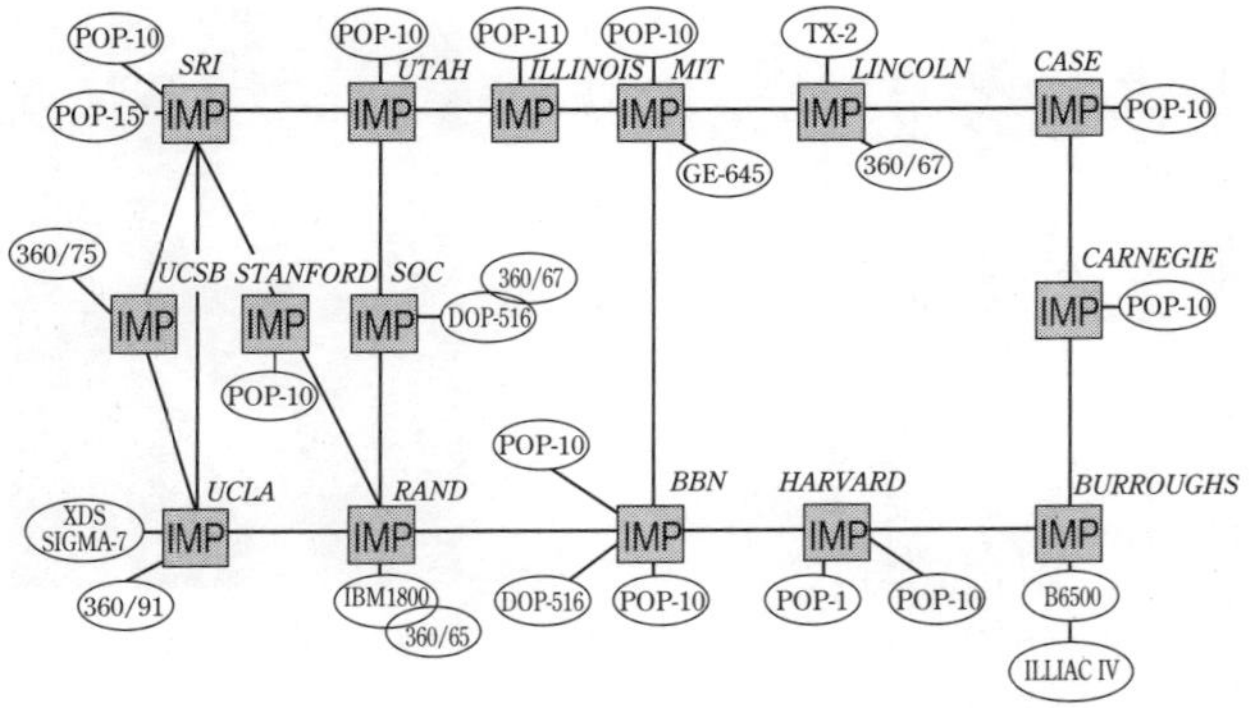

図2－13　15拠点に広がったARPANET

ARPANETデモンストレーション

こうして実現したARPANETは、共同研究を実施していた大学・研究機関の要望に応えて接続を拡大しました（図2－13）。アメリカの主要大学・研究機関も拠点となり、ロバーツが目指したコンピュータ資源の共有は実現したのです。また、飛行機の離発着に関するコンピュータシミュレーションなどいくつかのプロジェクトがARPANETを通じて実施されました。

しかしながら、爆発的な発展とはいかず、1971年当時で接続拠点数は15、接続数増加は月に1台程度といずれも伸び悩みました。

そこで、ロバーツと、後にインターネットの標準プロトコルとなるTCP／IPをつくることになるボブ・カーン（Bob Kahn・図2－14）らは、ARPANETを一般向けにデモンストレーションすることを決め、1972年10月、ワシントンDCで行われたカンファレンス

図2－14　ボブ・カーン
©Robert Kahn

でＡＲＰＡＮＥＴを一般公開しました。パケット交換方式が実用化のレベルまで達しているということで、大きな反響を呼びました。

　このデモンストレーションが契機となり、ＡＲＰＡＮＥＴの接続数は拡大しました。ＦＴＰ（File Transfer Protocol：ファイル転送プロトコル）、ＴＥＬＮＥＴ（端末ログインプロトコル）、電子メールといったアプリケーションも登場し、パケット数も一日３００万を超えて、イギリスのロンドン大学との初の海外接続も実現しました。

インターネットへの舵取り

　ＡＲＰＡＮＥＴへの接続が増えると同時に、パケット交換はＡＲＰＡＮＥＴだけのものではなくなってきました。たとえば、衛星ネットワークであるＳＡＴＮＥＴは人工衛星を通じてパケット交換を実現しようとする試みでした。また、無線ネットワークのＰＲＮＥＴは、パケット交換で無線通信を実現しました。

　１９７３年、ＡＲＰＡＮＥＴとＳＡＴＮＥＴ、ＰＲＮＥＴとの相互接続の話が持ち上がります。相互接続にあたって最大の問題点は、パケットサイズやメッセージフォーマットの決め方など、インターフェイスが異なることでした。

そこで、ボブ・カーンとビント・サーフ（Vint Cerf）らは、相互接続のために必要な新たなネットワークプロトコルを設計します。これが後のインターネットの標準規格となるＴＣＰ（Transmission Control Protocol）であり、後のＴＣＰ／ＩＰにつながるのです。ＴＣＰ／ＩＰの詳細については次章以降で述べます。

第3章 インターネットの約束ごと、TCP／IP

ブロードバンドの2つの通信方式

２００８年現在、日本は世界で最もインターネットの接続料金が安い国です。その理由として、ＡＤＳＬとＦＴＴＨ（光ファイバー通信）の普及が挙げられます。

ＡＤＳＬ（Asymmetric Digital Subscriber Line：非対称デジタル加入回線）とは、電話回線を利用してブロードバンドを実現する方式です。既存の電話回線を利用することができるため、加入者の負担が少ない方式といえます。

電話回線では、アナログ情報（声）を最寄りの電話交換局でデジタル信号に変換して、電話網を経由し、聞き手に届く際にデジタル情報がアナログ情報（声）に変換されます。人間の可聴範

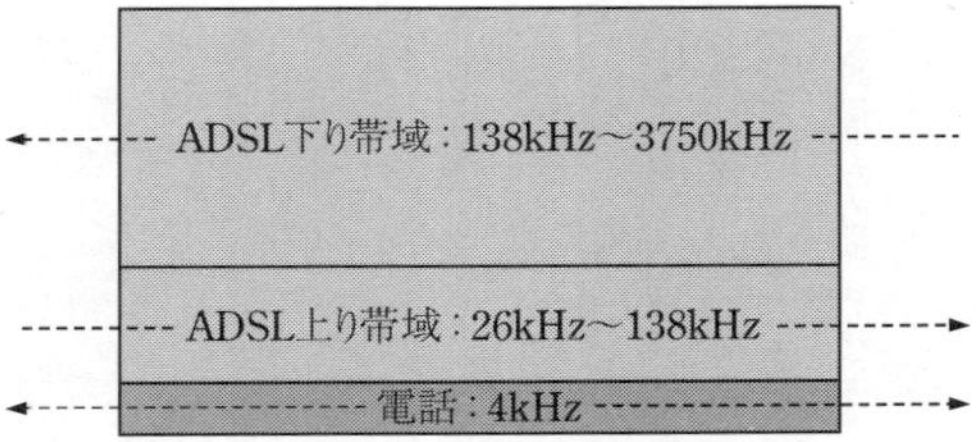

図3−1　ADSLによる通信

囲は20ヘルツ（Hz）から20キロヘルツ（ｋHz）といわれていますが、電話では、帯域を絞って４ｋHzを利用しているので、それ以外の帯域は空いている状態です。その空いている帯域に注目したのがＡＤＳＬです（図３−１）。

ＡＤＳＬでは、ユーザー（端末）が通信相手に向かってパケットを送信する（上り）帯域を26ｋHz〜１３８ｋHz、ユーザーが通信相手からパケットを受信する（下り）帯域を１３８ｋHz〜３７５０ｋHzとしています。つまり、上りに比べて、下りの帯域のほうが大きいため、多くのパケットを受信できます。ＡＤＳＬのＡ（Asymmetric）は非対称、上りと下りの帯域が異なる、という意味です。上りと下りを一致させることもできますが、一般ユーザーはウェブのようにダウンロード中心なので、上りを絞って下りを広くするという方式が日本では一般的です。一方、ＦＴＴＨの場合、信号が光の速度で光ファイバー内を伝送するので通信としては安定しています。

ここでのポイントは、なぜＡＤＳＬとＦＴＴＨが同じ「インターネット」として通信することができるかです。ＡＤＳＬとＦＴＴＨでは、通信媒体が前者は既存の電話回線、後者は光回線であり、まったく別物です。通信媒体が違うということは、パケットの作り方も当然違います。では、どうしてＡＤＳＬとＦＴＴＨは通信することができるのでしょうか？　これを解く鍵がインターネットのプロトコルであるＴＣＰ／ＩＰです。

コラム 5　ＡＤＳＬとＦＴＴＨ

最近、コマーシャルなどで盛んにＡＤＳＬからＦＴＴＨへの乗り換えをすすめていますが、ＦＴＴＨに切り替えるメリットはなにか、考えてみましょう。コストの面からみれば、既存の電話回線を利用できるＡＤＳＬのほうが新規に光ファイバーを敷設しなければいけないＦＴＴＨに比べて優位性は明らかで、ＦＴＴＨへの乗り換えは必要ないように思えます。

　ただし、ＡＤＳＬとＦＴＴＨでは、通信に用いる「線」が違います。ＦＴＴＨが「Fiber To The Home」、つまり光ファイバーを電話交換局から家庭まで敷設するのに対して、ＡＤＳＬでは電話交換局と家庭との間は電話線、つまり銅線で接続されているのです。

　銅線と光ファイバーの最大の違いは、伝送損失にあります。光ファイバーのほうが、伝送損失が少ないのです。伝送損失とは、通信経路上を流れる電気信号や光信号の劣化具合を指し、信号（Signal）と雑音（Noise）との比率として表されることから信号対雑音比（ＳＮ比）と呼ばれます。ＳＮ比はdB

（デシベル）で表され、

$$10\log_{10}\left(\frac{P_{signal}}{P_{noise}}\right)$$

Pは電力（ワット）

で求められます。

銅線の場合、低周波数帯域（たとえば電話回線）においても、高周波数帯域（たとえばＡＤＳＬ）においても、入力から出力までまったく同じ振幅（波の形状）で信号が伝送されることはありません。距離が遠くなればなるほど信号の減衰が発生し、振幅の実効値は下がります。さらに、高周波数帯域のほうが低周波数帯域に比べて、信号の減衰幅は大きいといえます。

直感的には把握しにくいかもしれませんが、人との会話に当てはめてみると実感できるでしょう。私たちは近距離（たとえば1メートル以内）で会話しているときは、相手の声を問題なく聞き取ることができます。しかし、１００メートル離れた場合、よほど大きな声で話さないと相手の声を聞き取ることはできません。さらには、ゆっくり話す場合（低周波数）に比べて早口で話す（高周波数）ほうが、情報は減衰します。銅線で伝送される信号も同じで、距離が遠くなればなるほど、周波数帯域が高ければ高いほど、途中での減衰が大きくなるのです。

一方、ＦＴＴＨの場合、信号が光の速度でファイバー内を伝送されるので、伝送損失は銅線と比べて

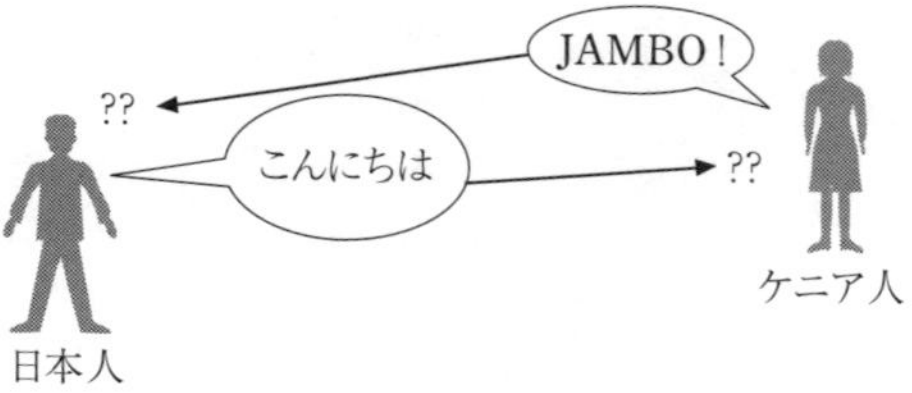

図３－２　言語の異なる会話

圧倒的に低く抑えられます。このことが、安定した通信であるといわれるゆえんです。

プロトコルとは?

前章で、銀河系間ネットワーク構想からＡＲＰＡＮＥＴによるインターネット誕生までを述べましたが、結局のところ、何をもって「インターネット」と呼ぶのでしょうか?

たとえば、インターネットの対になる用語としてイントラネットがあります。これは、会社、学校のネットワークのように、ある一組織の内部のネットワークを指しています。

一方、インターネットとは、ある組織と別の組織が接続されているネットワーク、こう定義することができるでしょう。ただ、前述のように、ある組織と別の組織が接続するためには何かしらの共通手続きが必要です。

図３－２を見てください。日本語と、ケニア人の多くが話すスワヒリ語では、原則としてコミュニケーションすることはできません。人

間同士なら多少はフィーリングで通じあうところもあるかもしれませんが、コンピュータ同士では何かしらの言葉・約束ごとを決めなくてはコミュニケーションできません。この「何かしらの約束ごと」をプロトコルと呼びます。

インターネットの約束ごと：TCP／IP

人間の言語と同様に、インターネットでも何かしらの約束ごと（プロトコル）がなくては、通信することはできません。人間の情報のやりとりは言語に基づいていますが、インターネットの情報のやりとりは、データの塊をある単位に分割したパケットに基づいています。どのようにパケットをやりとりするかを定義した約束ごとをＴＣＰ／ＩＰと呼びます。

ＴＣＰ（Transmission Control Protocol）およびＩＰ（Internet Protocol）はインターネットの標準規格であり、ＴＣＰ／ＩＰはＴＣＰやＩＰを含めた、パケット交換を実現するためのさまざまな機能の総称です。これから、ＴＣＰ／ＩＰを構成する要素について見ていきます。

そもそも、インターネットの目的は端末間での通信を実現することです。つまり、送信元から宛先まで、パケットが円滑に届くことにあります。そのためには、誰に宛てたどういうパケットなのかという情報がなくてはなりません。そこで、第1章で述べた郵便番号や電話番号のように、パケットにも宛先を識別する「識別子」が必要となります。

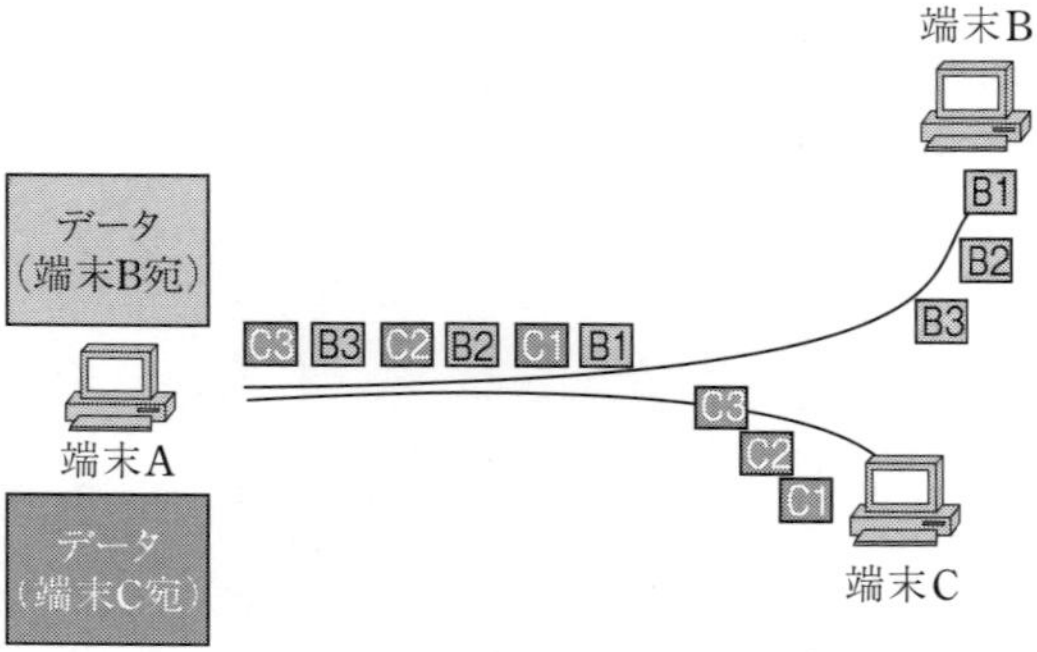

図3－3　パケットごとに宛先が必要

すべてのパケットに、宛先の端末を見分けるための識別子が必要なことは、図3－3の例においても明らかです。ここでは、端末Aは、端末B、端末Cと通信しています。前述のように（43ページ）、パケット交換の根本的な原理は時分割多重方式です。つまり、B宛のデータあるいはC宛のデータは、B1、B2、B3そしてC1、C2、C3に分割して送信します。

ポイントは、端末Aが、端末B宛のパケットと端末C宛のパケットをどうやって区別するかという点です。たとえば、電話の場合、電話番号を利用していったん相手と電話がつながれば、その後の通話中に相手を識別する必要はありません。一方、インターネットの場合、図3－3のようにB1の次に送信するパケットがC1と、いつも宛先が一定であるとは限りません。よって、パケットごとに識別子を付与する必要があります。インターネットでの識別子をIPアドレスと呼びます。

192.168.4.12

8ビット　8ビット　8ビット　8ビット

図3－4　IPアドレスの形式

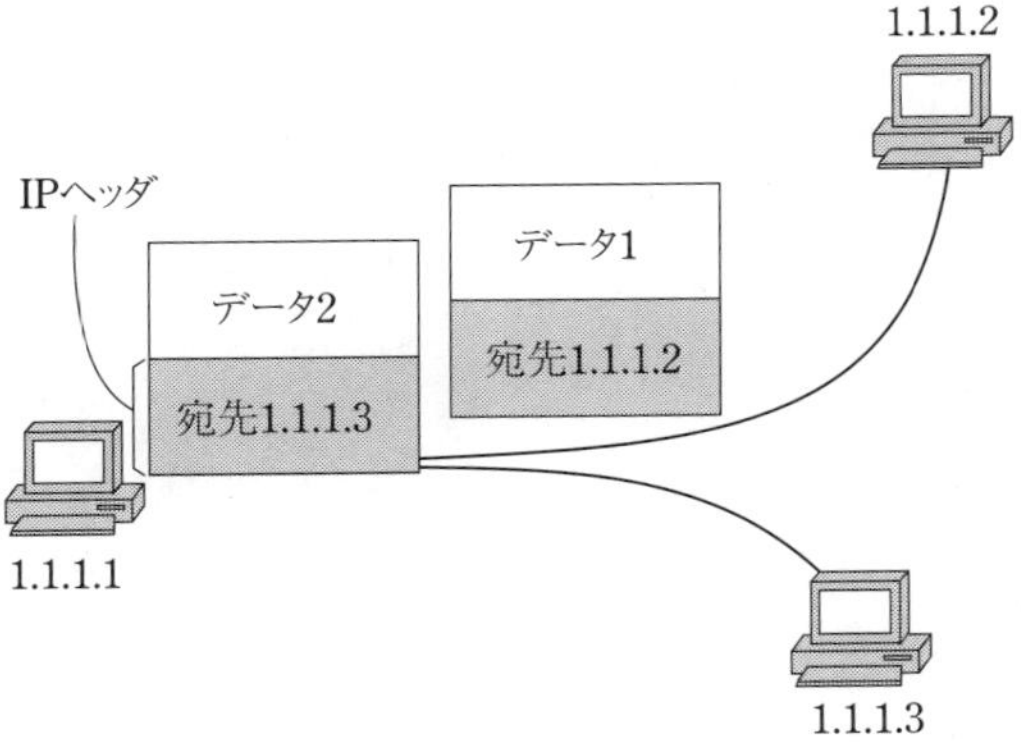

図3－5　データとヘッダ

IPアドレスは、32ビットを8ビットずつに区切った形式をとります（図3－4）。ビットは2進数で表されますが、そのままでは見にくいので、8ビットごとに10進数に置き換えています。8ビットですから2^8＝256より、1つの区切りにつき10進数で0～255の値をとることになり、IPアドレスの範囲は、0.0.0.0から255.255.255.255です。よって、世の中に存在するIPアドレスの総数は、2^{32}≒42・9億となります。

すべてのパケットには、データを宛先に届けるためのさまざまな情報がヘッダとして挿入されています。これまで、分割されたデータがパケットであると述べてきましたが、実際はそれにヘッダを加えたものがパケットなのです。ヘッダのうちの１つがＩＰヘッダであり、ここに宛先ＩＰアドレスが挿入されています（図３－５）。ＴＣＰ／ＩＰのＩＰは、この宛先ＩＰアドレスを識別する役割を担っているのです。

ＴＣＰ／ＩＰと階層構造

ここで、話をＡＤＳＬとＦＴＴＨに戻しましょう。電話回線（ＡＤＳＬ）を使っているホストと光ファイバーを使っているホストが、インターネットで通信できるのはなぜでしょうか。

たとえば郵便の場合、物理的な配送手段は、トラックであったり、バイクであったり、国際郵便であれば飛行機であったりとさまざまですが、手紙を送る際に配送手段を指定する必要はありません。トラックで運ばれる手紙も、バイクで運ばれる手紙も、共通の識別子である郵便番号があればすべて識別でき、宛先に届きます。

インターネットでも同様です。配送手段はＡＤＳＬ、ＦＴＴＨなどさまざまですが、結局のところＩＰアドレスという共通の識別子があれば、宛先まで到達できます。

インターネットにはさまざまな通信媒体が存在します。ＡＤＳＬとＦＴＴＨのほかにも、無線ＬＡＮ、衛星通信などさまざまですが、こうした物理的な通信媒体を意識せずに私たちがインターネットを利用できるのは、ＩＰヘッダによって制御されている「ネットワーク層」と呼ばれる

図3－6　パケットの構造

部分の機能によってその違いを吸収しているからにほかならないのです。

　ＴＣＰ／ＩＰでは、アプリケーション、トランスポート、ネットワーク、リンク、物理の５つの階層が存在します。一つ一つの階層は、パケットを宛先に送信するために必要なさまざまな働きを分担しており、このような階層構造を「パケット送信を実現する機能の集まり」と言い換えてもよいでしょう。

　そして、パケットのなかには物理層を除く各階層を制御するヘッダが挿入されています（図３－

6)。パケット送信の経路において必要に応じていくつかのヘッダの情報を参照することによって、前述のような通信媒体の違いなど、通信におけるさまざまな違いを吸収し、スムーズな通信を可能にしているといえます。また、物理層だけは、少し違う方法で制御されていますが、それについてはあとで詳しく述べます。

ここからは、それぞれの階層の役割について、私たちが日常使っているメールを例にとって説明します。そして、インターネットにおける階層構造のメリットについて考えていきます。

メールの送受信――アプリケーション層

私たちは日常的にメールを利用していますが、そのたびにインターネットがどのように動作しているかを気にしてはいないでしょう。ただ、taro@example.com のように「(ユーザー名)@(ドメイン名)」を宛先に入力してメールソフトを使って送信するだけです。前述の階層構造のなかのアプリケーション層が、このメールソフトに相当します。

メールがどのように宛先まで到達するのか、その道筋を図3-7に示しました。ここでは、端末Aが taro@example.com 宛に送信したメールがメールサーバA経由で example.com メールサーバまで配送されています。サーバとはサービスを提供する機能を持つコンピュータのことで、メールサーバの場合は郵便局のような役割をします。

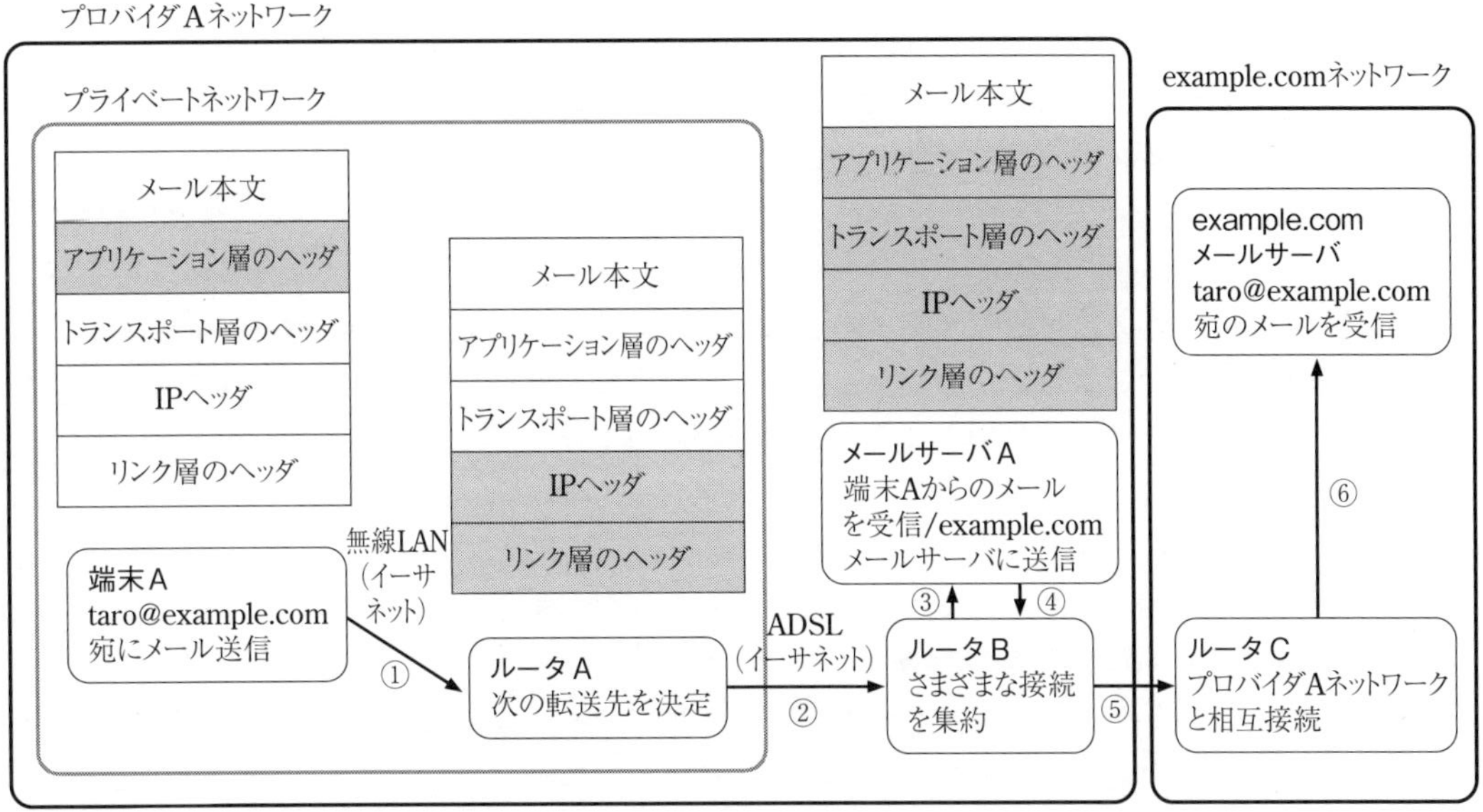

図3-7　メールが届くまで

グレーの部分は、参照されるヘッダを示す。たとえばルータAはルータBへ転送するために、IPヘッダとリンク層のヘッダを参照する必要がある。また、①〜⑥はすべてイーサネットによる通信。

端末Ａは前述のようにメールアドレス（taro@example.com）と本文を入力して、メールを送るわけですが、ここでメールアドレスはアプリケーション層のヘッダに挿入されています。しかし、これだけでは当然メール（パケット）はexample.com メールサーバには届きません。example.com メールサーバに届けるためには、まず、プライベートネットワークに接続されている端末Ａからプロバイダ Ａ ネットワークにあるメールサーバＡにパケットを送る必要があります。したがってＩＰヘッダにはメールサーバＡのＩＰアドレスが挿入されます。ここで、端末Ａとメールサーバ Ａとは直接接続されていないので、転送機能を持つルータ（中継地点のようなもの。第５章で詳述）Ａに届けてもらわなければなりません。そこで端末ＡはルータＡに向けてパケットを送信します（①）。なお、プライベートネットワークとは外部からアクセスできない、閉じたネットワークを指します。

端末Ａからパケットを受信したルータＡは、パケットのＩＰヘッダを参照し、メールサーバＡに接続しているルータＢを次の中継地点とみなしてパケットを送信します（②）。ただし、宛先が決まっても、配送手段を決めなければパケットは送信できません。そこで、ルータＡはリンク層のヘッダを参照して配送手段を決定します（この場合ＡＤＳＬ）。

ルータＢはルータＡからのパケットを受信後、同様にＩＰヘッダを参照し、メールサーバＡに向けてパケットを送信します（③）。ここでも、メールサーバＡの配送手段を決定するためにリンク層のヘッダを参照します。これでメールサーバＡにパケットが到達しました。

メールサーバＡは、端末ＡからルータＡ、ルータＢ経由で受信したパケットを、今度はexample.com メールサーバに送信しなければなりません。メールサーバＡはすべてのヘッダを参照してパケット送信のための情報を確認し、ＩＰヘッダに挿入されているＩＰアドレスをexample.com メールサーバのＩＰアドレスに書き換えます。

そこからのプロセスは、端末Ａからメールサーバへの場合と同様です。まず、中継地点ルータＢにパケットを送信します（④）、パケットを受信したルータＢはそれを example.com メールサーバと接続しているルータＣに向けて送信します（⑤）、ルータＣは受信したパケットをexample.com のメールサーバに送信し、無事に送信完了となります。

example.com のメールサーバは、パケットを受信したら example.com にｔａｒｏというユーザーが存在しているかどうかを確認します。存在する場合はｔａｒｏのメールボックスに配送し、存在しない場合は配送不能として送信元のメールサーバＡに返送します。このやりとりをＳＭＴＰ（Simple Mail Transfer Protocol：シンプルメール転送プロトコル）と呼びます。

一方、ユーザーｔａｒｏは example.com のメールサーバに問い合わせて、自身のメールを受信します。このやりとりをＰＯＰ（Post Office Protocol：ポストオフィスプロトコル）と呼んでいます。ＩＳＰ（インターネットサービスプロバイダ、インターネット接続業者）に契約すると、メールアドレスが発行されるのと同時にＳＭＴＰサーバ・ＰＯＰサーバが指定されますが、前述した流れがＳＭＴＰ・ＰＯＰに該当するわけです。

ここではメールを例にあげましたが、ほかにもウェブ、ファイル共有、チャット、インターネット電話など、インターネットを利用するソフトウェアと呼ばれるものは、アプリケーション層に該当します。

コラム 6 迷惑メール

私たちはパソコンや携帯電話などで日常的にメールを利用していますが、迷惑メールに悩まされたことはないでしょうか。インターネット中で一日に配送されるメール34億通のうち95％が迷惑メールという調査もあり、無用なインターネットトラフィックを増大させているという点でも深刻な問題です。

結局のところ、迷惑メールの原因は、メール送信の際の認証機能がないという点につきます。前述のＳＭＴＰでは宛先をチェックするだけで、送信元はチェックされません。その背景には、ＳＭＴＰが誕生した１９７０年代には迷惑メールという概念がなかったことがあげられます。

電話や郵便と比較してみましょう。電話の場合、必要であれば「１８４」をつけるなどして発信者番号通知拒否ができます。一方、郵便の場合、特定の送信元からの郵便を拒否することはできません。むろん、メールにおいても送信元を認証する技術、迷惑メールを判別する技術などさまざまな技術が開発されていますが、根本的には改善されていません。日本に郵便制度が誕生してから130年以上経ちますが、いまでも不要な宣伝用などの郵便物に悩まされていることを考えれば、インターネットの迷惑メールもそう易々とはなくならないのかもしれません。

仮想回線を生み出す——トランスポート層

私たちはメールを送受信しながら、インターネット経由でビデオを鑑賞するなど、1台のパソコンで同時に2つのアプリケーションを実行していることがあるかと思います。パソコンにつないでいるインターネット回線が1本であっても、このようなことが可能なのはなぜでしょうか。

ここで、電話の場合を考えてみましょう。たとえば、チケットの予約で電話したものの、ずっと通話中でつながらなかったという経験はないでしょうか。チケット発行会社の運営するコールセンターに100回線あったとして、同時に100人が電話をすれば、回線はすべて使用中となり、いわゆるつながらない状態になります。これに対する根本的な解決策は、物理的に回線を増やすことです。

1台のパソコンで同時に2つのインターネットアプリケーションを利用できる理由は、この解決方法に似ています。つまり、メールの回線、ウェブの回線など、アプリケーションごとに回線を用意すれば、同時に複数のアプリケーションを利用しても支障ありません。ただし、データセ

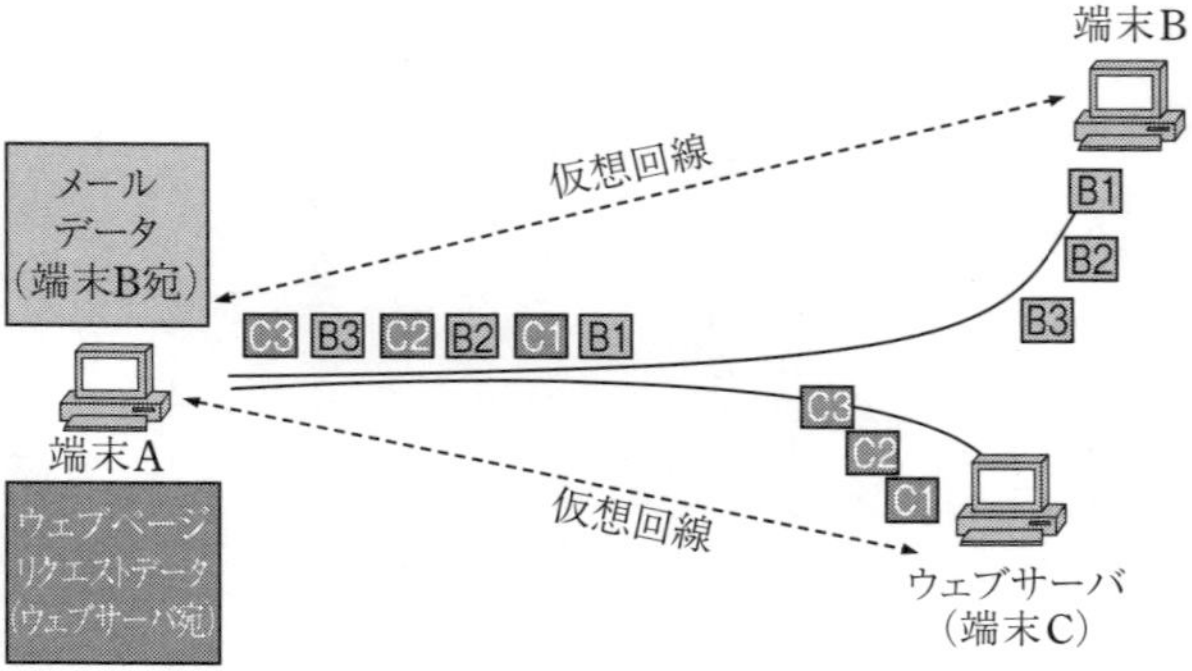

図3−8　時分割多重方式と仮想回線

ンター（サーバやルータを運用している場所）に保管してあるサーバであれば複数のインターネット回線を持つことはできますが、家のパソコンは物理的な回線は基本的に1本です。

この問題は、前章で述べた時分割多重方式で解決できます。時分割多重方式は図3－8のように、データの塊をパケットに分割してそれぞれの宛先に送信します。こうすれば、物理的な回線が1本でも、仮想的に2本の回線を持つことができるのです。

基本的な原理としては、通信ごとに仮想回線を生成し、通信が終わったら遮断します。図3－8の場合では、端末Aと端末Bのメールのやりとり、端末Aのウェブサーバへのリクエストに必要な仮想回線を生成して、端末Aと端末B、またはウェブサーバとがコミュニケーションをします。この仮想回線を生成、管理、遮断するのがトランスポート層の役割です。

このように１つの物理回線から複数の仮想回線が生成されるので、何かしらの方法で仮想回線を識別する必要があります。この識別についてメールの例をもとに考えてみましょう。

ユーザーｔａｒｏはexample.com のＰＯＰサーバにメールを受信するために、example.com に問い合わせを送ります。example.com はＳＭＴＰサーバとＰＯＰサーバの２つの役割を提供しています。これを郵便にたとえれば、郵便局に差し出し窓口と不在配達郵便物の引き渡しの窓口が存在することに相当します。ｔａｒｏが郵便を受け取るためには、差し出し窓口に行ってもだめで、不在配達郵便物の引き渡し窓口に行かなくてはなりません。トランスポート層では窓口のことをポート（port）と呼んでおり、ＳＭＴＰのポート（25番）、ＰＯＰのポート（１１０番）とプロトコルごとに窓口を提供しています。

トランスポート層でポートを提供するうえで欠かせないのが、信頼性です。インターネットは、通信の信頼性を原則としては保証していません。しかしながら、窓口（ポート）でメールを受け取っている最中にパケットが喪失してしまってはメールサービスに支障をきたします。トランスポート層ではポートによる仮想回線に加えて、信頼性のあるサービスのためのしくみを提供します。これについては第7章において詳説します。

コラム 7 つながらないウェブ

チケット予約の電話がつながらないという例を出しましたが、これと似たことはインターネットでもよく起こります。たとえば、「X月X日12：00よりインターネット限定で発売開始」というようなキャンペーンサイトの場合、開始時間にウェブサイトにアクセスしたけどつながらなかったという経験はないでしょうか。どうしてこういう問題が発生するのか考えてみましょう。

まずはじめに考えられるのが、ネットワーク帯域がボトルネックになっている点です。たとえば、キャンペーンウェブサイトの回線のキャパシティが10Mbpsであるのに、実際には30Mbpsのインターネットトラフィックがウェブサイトに向けて流れていた場合です。

2つめは、サーバ性能の問題です。前述の仮想回線に本数の制限はありませんが、1仮想回線ごとにサーバのメモリ、CPUといったサーバの計算資源を利用することになります。多くのホストによって、何十万、何百万という数の仮想回線が同時に確立され、メモリ、CPU資源が限界に達すると、サーバはパンクしてつながらない状態になるのです。

最近では、これを悪用して、複数の拠点からサーバに集中的にトラフィックを送信し、サービスを停止させる攻撃も増えてきています。これはDoS Attack（Denial of Service Attack：サービス拒否攻撃）と呼ばれており、インターネットの脅威となっています。

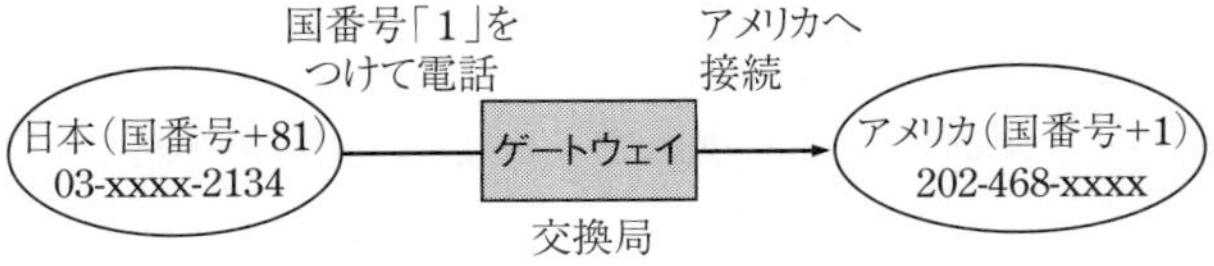

図3−9　国番号とゲートウェイ

ネットワーク同士をつなぐ——ネットワーク層

インターネットはしばしば、ネットワークのネットワークと呼ばれます。これはネットワークとネットワークを相互接続して、1つのネットワーク（インターネット）を形成するという意味で使っています。

端末同士のコミュニケーションをスムーズにする、つまりパケットが無事に届くためには、経由するネットワークとネットワークが相互接続されている必要があります。それを提供しているのがネットワーク層です。

ネットワーク層の役割は国際電話の交換局、そしてＩＰヘッダは国番号にたとえることができるでしょう（図3−9）。たとえば、日本からアメリカの電話番号（202−468−xxxx）にかける際には、必ず国番号「1」をつける必要があります。そうすれば、日本とアメリカとを接続する電話交換局を経由してアメリカまで接続できます。日本とアメリカは電話会社が違いますが、国番号を追加することによって通話が可能になるのです。

ここでの大切なポイントは、日本とアメリカの両方に接続している仲介者が必要ということです。62ページで、日本人とケニア人とは言葉が違うので

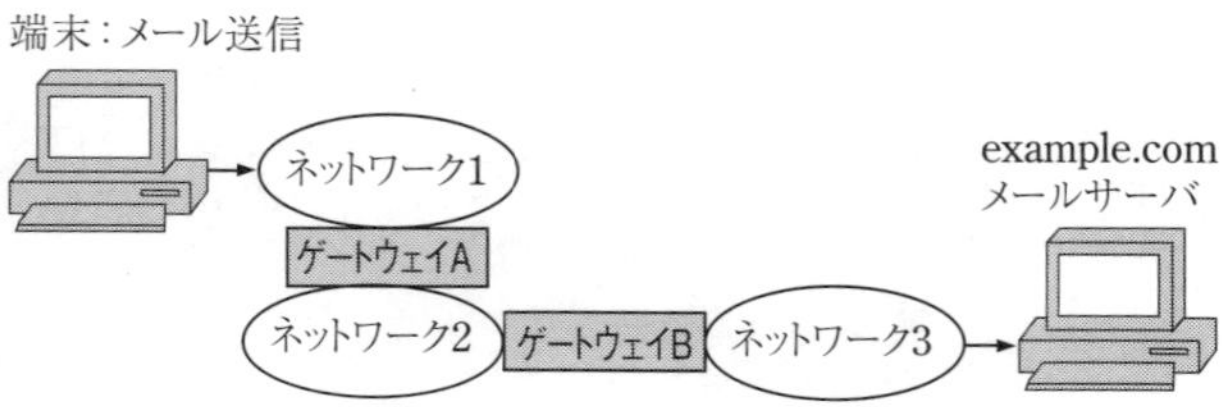

図3－10　ネットワークを結ぶゲートウェイ

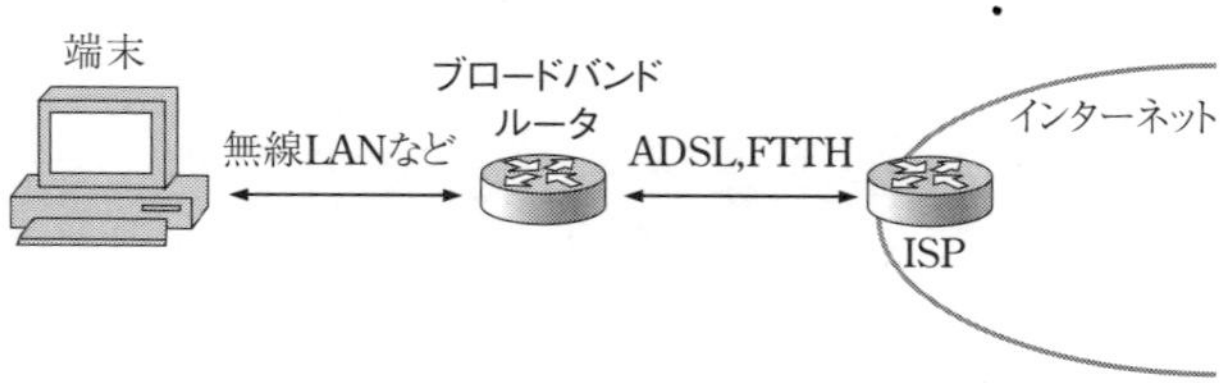

図3－11　ブロードバンドルータ

コミュニケーションができないという例を挙げましたが、日本語とスワヒリ語の両方を話せる通訳者がついていればコミュニケーションをとることができます。このような仲介者のことをゲートウェイ（玄関口）と呼びます。

インターネットの場合も同じです。たとえばtaro@example.com宛に送信されたメールは、ネットワーク1からゲートウェイA経由でネットワーク2へ、そしてゲートウェイB→ネットワーク3と経由してexample.comメールサーバに送られます（図3－10）。

最初に述べた、「インターネット」はネットワークのネットワーク」という意味は、ネットワーク同士がゲートウェイを通じて相互接続していると言い換えることもできるでしょう。インターネットではこのゲートウェイのことをルータ（router）と呼びます。

ルータの身近な例としては、家庭用のブロードバンドルータがあるでしょう（図３－11）。端末とブロードバンドルータの間は無線ＬＡＮなどでの接続、ブロードバンドルータとＩＳＰ（プロバイダ）との間はＡＤＳＬ、ＦＴＴＨでの接続が一般的です。ここでのブロードバンドルータの役割は端末とインターネットを接続するゲートウェイそのものです。

さて、もう一度メールに話を戻します。図３－10では、３つのネットワークと２つのルータ（ゲートウェイ）を通じてメール送信が行われることを示しましたが、あるネットワークをどのネットワークと接続するのかがわからなければ、ルータはゲートウェイとしての役割を担うことができません。では、ルータはどうやって次の宛先を見つけるのでしょうか。ここで登場するのがＩＰアドレスです。前述のように、ＩＰアドレスは電話番号や郵便番号に相当する、インターネットでの識別子です。

図３－12に、端末Ａ（ＩＰアドレス192.168.1.10）がexample.comメールサーバ（ＩＰアドレス10.0.0.10）にメールを送信する流れを示しました。端末Ａはまず、同じネットワーク１に接続しているルータＡにパケットを送り、それを受け取ったルータＡは、次にどこに転送するかを宛先ＩＰアドレスにしたがって決めます。このパケットの宛先は10.0.0.10であり、ネットワーク３（10.0.0.0～10.0.0.255）に接続していますから、ルータＡがパケットをネットワーク３に転送すれ

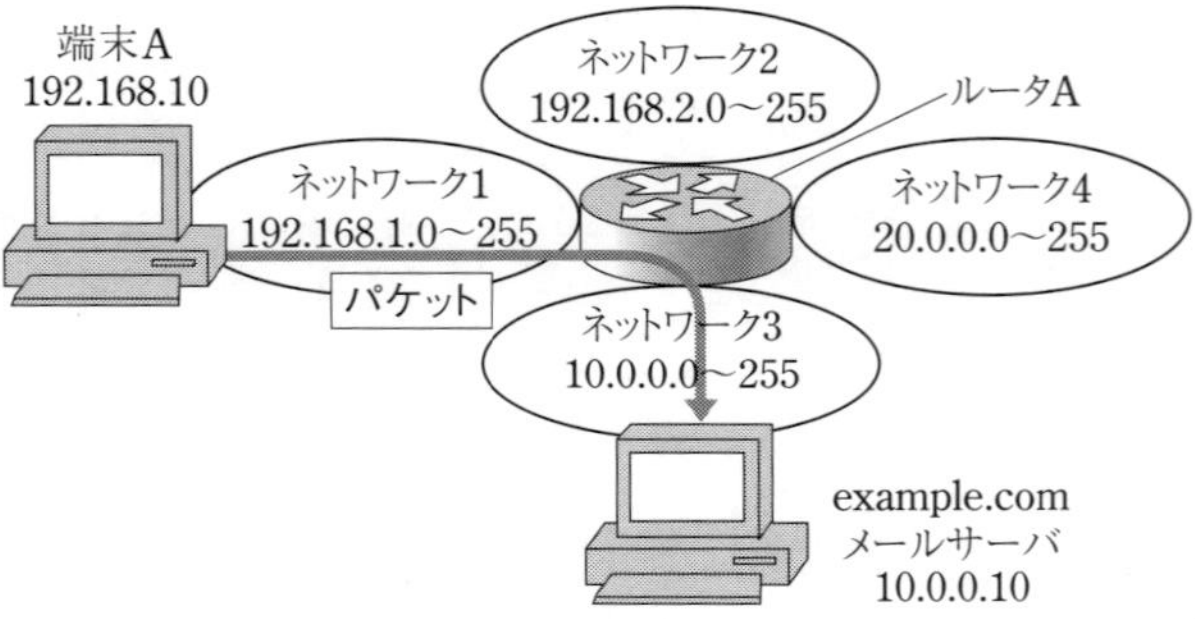

図3-12　IPアドレスとルータ

ば、10.0.0.10に届くわけです。

このしくみは、郵便の配達に近いといえるかもしれません。郵便局は配達担当区域が決まっており、たとえば100-01XXなど、郵便番号で区切られた地区にのみ配達します。たまたま、200-01YYなどという区域外の郵便番号が記載されている手紙が入っていたとしても、その局では原則として配送しません。

図３－12の例では、ルータは郵便局に相当し、運ばれてきたパケットの宛先をチェックして、次の配送先を決めます。そして、宛先に該当するネットワークがあれば、そのネットワークにパケットを転送します。該当するネットワークがなければ送信元へ返送します。

ＩＰアドレスおよびルータのしくみは、ＴＣＰ／ＩＰひいてはインターネットの根幹をなすものですので、第４章でＩＰアドレス、第５章でルーティングとくわしく説明していきます。

コラム8 インターネットの距離

インターネットはネットワークとネットワークをゲートウェイで接続したネットワークであると述べましたが、どれくらいのゲートウェイを経由すれば宛先に到達できるのでしょうか。第1章のコラム1「6次の隔たり」では、6人の仲介者を経由すれば目的の人物に到達できることを述べましたが、インターネットでは4〜5のゲートウェイを経由すれば宛先まで到達できることが知られています。

その理由として、インターネットの構造がスモールワールド、すなわちハブを中心とした構造であることが指摘されています。たとえば、日本からアメリカのサイトにアクセスする場合、通信事業者のネットワークを経由しますが、海底ケーブル使用料金、ルータなどの設備維持費用など多額のコストがかかり、これを提供できる通信事業者はごくわずかです。つまりインターネットは、ごくわずかの通信事業者がハブとなり、ユーザーはそのハブを経由して次のハブに接続するというスモールワールド構造であるといえるのです。

配送手段を提供——リンク層

郵便は、郵便番号さえ記載されていれば、トラック、バイク、飛行機など、どんな配送手段を使っても配達可能であることは何度も述べました。インターネットも同様で、どんな配送手段を

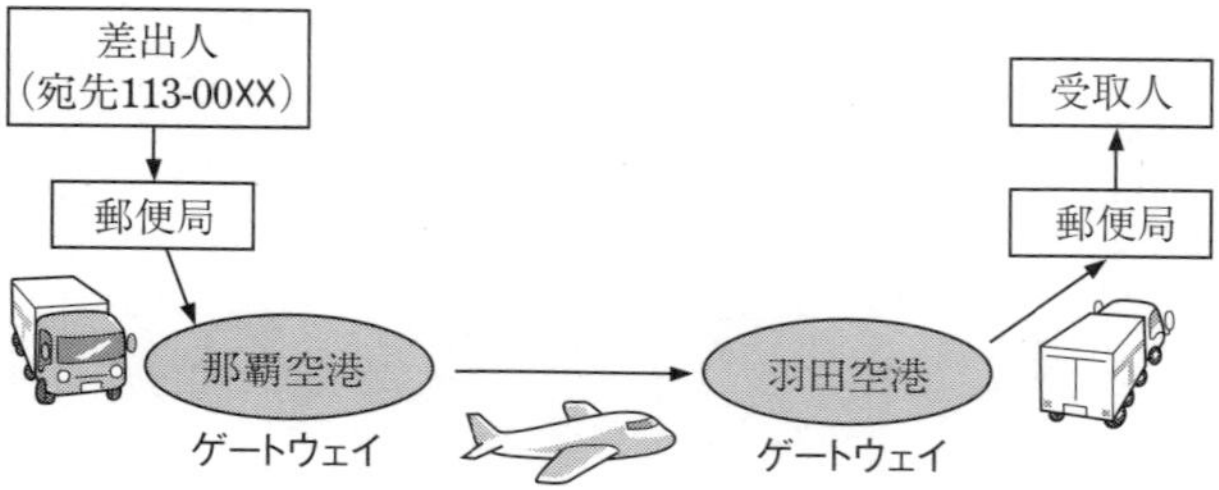

図3－13　郵便と配送手段

使っても、パケットのヘッダにＩＰアドレスが挿入されていればパケットは宛先に届きます。リンク層が適切な配送手段を提供してくれるからです。

図３－13は、郵便番号と配送手段との関係を示しています。たとえば、東京都内の郵便番号113-00XX宛の手紙を沖縄から送るとします。この手紙は最寄りの郵便局からトラックで那覇空港、そして飛行機で羽田空港へ、そして再びトラックで都内の郵便局へと運ばれ、受取人に配送されます。

ここで、ネットワーク層で登場したゲートウェイを思い出してください。この場合、那覇空港と羽田空港はゲートウェイと考えることができます。那覇空港は、トラックで運ばれた郵便のなかから東京宛の郵便を羽田空港に送る際、トラックと飛行機の仲介をしています。羽田空港はその逆になります。つまり、配送手段が変わるとき（トラック→飛行機、飛行機→トラック）、そこには必ずゲートウェイが存在し、配送手段の変更機能を担っているのです。

インターネットにもさまざまな配送手段がありますが、前述したＡＤＳＬとＦＴＴＨを例にとって説明します。違う配送手段で通信するための基本的な構造は郵便と同じです。ゲートウェイは端末Ａからの配送手段ＡＤＳＬを端末Ｂへの配送手段ＦＴＴＨに変換するわけです（図3－14）。なお、ネットワーク層のゲートウェイのことはルータと総称しますが、リンク層でのゲートウェイはスイッチと呼びます。

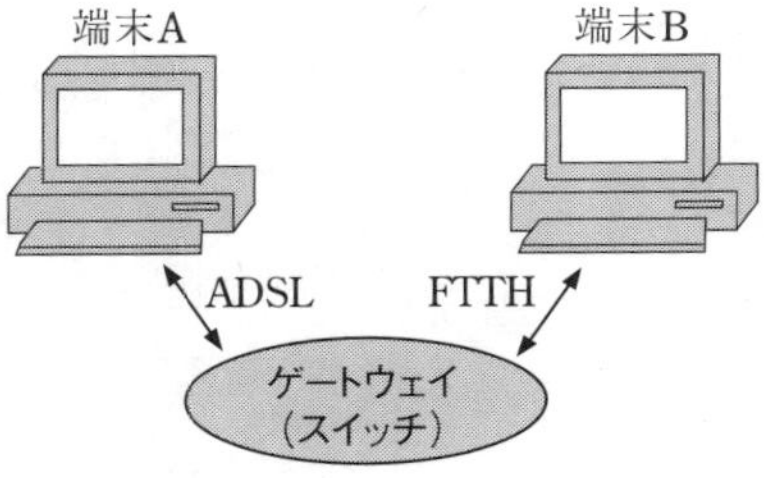

図3－14　ADSLとFTTH

ところで、正確にいえば、ＡＤＳＬ、ＦＴＴＨという配送手段は存在しません。リンク層の代表的な配送手段は Ethernet（イーサネット）であり、ＡＤＳＬ、ＦＴＴＨはそれぞれ、イーサネットという配送手段の1つなのです。ＡＤＳＬはＰＰＰｏＥ（PPP over Ethernet）という規格、ＦＴＴＨはイーサネットの規格を光ファイバー内で使って接続します。

リンク層の主役、イーサネット

ここで、もう一度、郵便の配送について考えてみましょう。郵便における配送手段はトラックや飛行機などさまざまですが、ポイントは郵便番号以外にも配送手段固有の宛先情報が存在することで

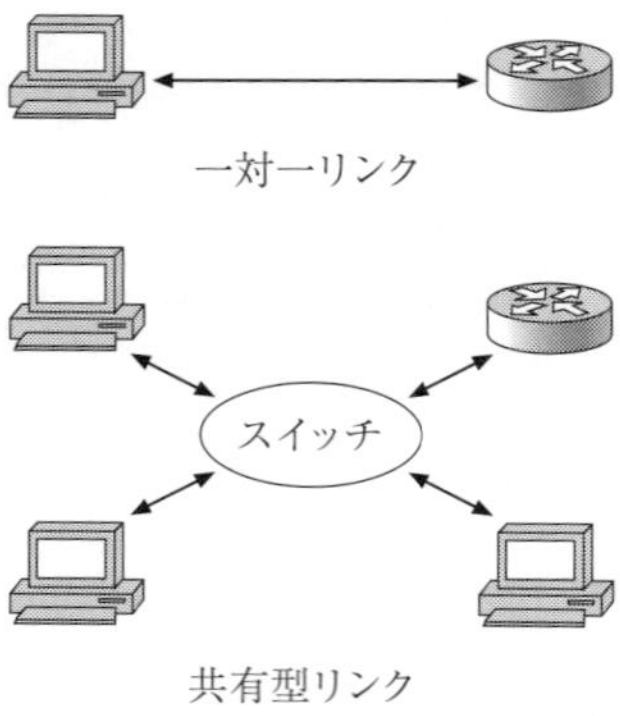

図3-15　リンク層における2つの接続方式

す。たとえば、前述の郵便の場合、那覇空港は羽田空港という宛先を指定しているといえます。この場合の配送手段は飛行機ですから、宛先として必ず空港を指定することになります。これが「固有」という意味です。

同様に、リンク層の配送手段にも固有の宛先情報が存在します。「固有」ということは、宛先情報がわかれば配送手段は自動的に決まるわけですから、パケット送信のために適切な配送手段を提供できます。じつは、この宛先情報の特定がリンク層の重要な機能なのです。リンク層には、宛先情報を特定するための接続方式として、大きく分けて一対一リンクと共有型リンクの2つがあります(図3-15)。

一対一リンクとは、その名のとおり1回線で相手と接続する方法です。1回線に自分と相手の最大2台の端末しか接続しないので、自分以外の端末が自動的に相手となり、識別は簡単です。一対一リンクの利点は、1回線に2端末しか接続できないゆえに品質の管理がしやすいことで、専用線のような、品質を要求されるネットワークに利用されます。しかし、その反面、回線あたりのコストが高くなります。

代表的な一対一リンクとして、ＡＴＭ（非同期転送モード）、ＳＤＨ（同期デジタルハイアラーキ）などがあります。これらは企業のネットワーク回線など、信頼性が必要なネットワークに利用されています。

一方、共有型リンクは、名前が示すとおり、１つの回線を複数の端末で共有するもので、イーサネットがこの方式に該当します。共有型リンクのほとんどはイーサネットです。

識別という観点からは、イーサネットは一対一リンクに比べるとちょっと厄介です。つまり、一対一の場合では、１回線に自分と相手しかいなかったので識別は容易でしたが、イーサネットの場合、１回線に複数の端末が存在するので、送信者は宛先を識別しなければなりません。

イーサネットでの識別子をＭＡＣアドレスと呼び、「00-90-96-78-2C-74」のように８ビット区切りの48ビットで表されます。リンク層のヘッダには、このＭＡＣアドレスが挿入されているわけです。私たちが日常使っているパソコンには通常イーサネットアダプタが搭載されていますが、こうしたイーサネットには例外なくＭＡＣアドレスが割り当てられています。なお、ＩＰアドレスは変更できますが、ＭＡＣアドレスはハードウェア（イーサネットカード）に埋め込まれたアドレスですので、原則として変更はできません。

イーサネットに接続されている端末は、パケットを送信するために宛先ルータのＭＡＣアドレスを指定する必要があります。そのために、イーサネットではブロードキャストという方法を用います。ブロードキャストとは、送信者がある特定のＭＡＣアドレス（ff-ff-ff-ff-ff-ff）にパケットを送信することです。すると、同一共有型リンク（イーサネット）上のすべての端末が応答し、自身のＭＡＣアドレスを返すしくみになっています。

ただし、それだけではそのうちのどれがルータのＭＡＣアドレスなのかはわかりません。そこで、送信者はブロードキャストする際、パケットに宛先ルータのＩＰアドレスを挿入します。そうすれば、同一共有型リンク上の端末のうち、パケット中のＩＰアドレスと自分のＩＰアドレスが一致した端末（ルータ）だけがＭＡＣアドレスを送信者に返してきます。

これによってＭＡＣアドレスとＩＰアドレスの対応が明らかになり、送信者はルータのＭＡＣアドレスを特定できます。このＭＡＣアドレスとＩＰアドレスの関連付けのやりとりをＡＲＰ（Address Resolution Protocol：アドレス解決プロトコル）と呼びます。

コラム 9　イーサネットでの衝突検知

1つの回線を複数のコンピュータで共有するということは、すべてのコンピュータが同じタイミングで送信した場合、当然ながら衝突してしまいます。つまり、イーサネットでは複数のコンピュータが同じタイミングでパケットを送出することがないよう、コンピュータ同士で監視しなければいけません。

そこで、1回線において複数のコンピュータが通信するためのCSMA/CD（Carrier Sense Multiple Access with Collision Detection：キャリア検知・マルチアクセス・衝突検知）という方式を導入しています。CSMA/CDは、CS（キャリア検知）、MA（マルチアクセス）、CD（衝突検知）の3つのパートからなります。

コンピュータはまず、キャリア検知（CS）をします。キャリア検知とは、コンピュータが接続されている回線をほかのコンピュータが使用していないか、検知することです。ほかのノードが利用していたら、当然通信することができません。回線が空いていれば、つぎのパート、マルチアクセス（MA）に移り、パケットを送信します。しかし、この時点で衝突することなくちゃんとパケットが送信できたかはわかりません。そこで、衝突検知（CD）によって衝突が起きていないかどうか確認します。

仮にほかのコンピュータが同時にキャリア検知をして、同時にパケットを送信した場合、当然衝突が起きます。その際には、どこで衝突が起きているのか、衝突検知が必要となります。衝突が発生したら、コンピュータはランダム時間待った後にまたパケットを送出します。

現在では、スイッチがこのCSMA/CDに相当する機能を実現しているので、コンピュータにCSMA/CDは必要ありませんが、共有型リンクの場合、コストは低いものの、品質の管理は一対一リンクと比べると困難になるということは覚えておいてください。

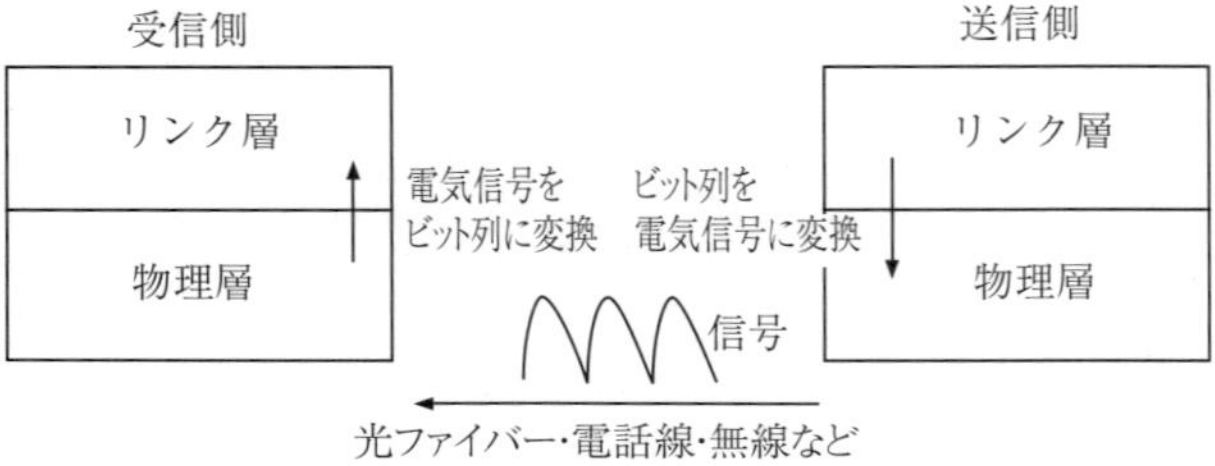

図3－16　物理層の役割

デジタル信号を管理——物理層

これまで、主に郵便を例にあげて各層の持つ役割について述べてきましたが、唯一、郵便には該当する役割がないのが物理層です。インターネットは突き詰めていえば、パケット交換方式に基づいたデジタルコミュニケーションです。アプリケーション層↓トランスポート層↓ネットワーク層↓リンク層と4層の多重構造になっていますが、最終的にはデジタル情報、つまり0と1で表された情報（ビット列情報）となります。

物理層は、ビット列情報と周波数情報（電気信号）の変換を担っています。図3－16のように、送信側の物理層は、リンク層からの0と1のビット列情報を周波数情報に変換します。そして、光ファイバー、電話線、無線などの物理メディアを経由してデジタル信号（パケット）を送り、受信側は、受け取った周波数情報をビット列情報に変換します。

このように、物理層では情報の変換と送信を行っているだけですので、パケットの概念がありません。それが、ほかの層にあったようなヘッダがない理由となっています。階層構造の一部ではあるものの、物理層の働きは、ほかの層と若干異なるといえるでしょう。

コラム10　情報とは？

情報化社会、情報技術など私たちは毎日のように「情報」という言葉を見聞きしますが、「情報を伝達する」「情報を受け取る」など、定性的に「情報」を扱っているのではないでしょうか。

この「情報」に対して定量的な評価を与えたのが、アメリカの情報科学者クロード・シャノン（１９１６〜２００１）です。彼の功績は、それまであいまいな定義であった「情報」を数量的に扱えるようにし、それがインターネットにとどまらず各種の情報技術の応用への礎を築いたことです。

１９４８年に発表された「通信の数学的理論」という論文では、以下の数式によって情報量Ｃ（チャンネル・キャパシティ：一秒間あたりの最大情報量。単位はbps）を定義しています。

$$C=B\times\log_2(1+S/N)$$

ここで、Ｂは回線の帯域幅（単位ヘルツ）を表し、電話の場合はＡＤＳＬで触れたように４ｋHz＝４０００Hzです。Ｓ／Ｎ（シグナル・ノイズ比）はデシベル（dB）として表し、一般的な電話でのＳ／Ｎは30〜50 dBといわれています。

一方、シャノンの定理ではS（シグナル）、N（ノイズ）の総出力電力の比を単位ワット（以下W）で表しますので、デシベル表記をワット表記に変換する必要があります。変換式は $10\times\log_{10}$（S/N）ですので、S／Nを30とすれば、

$$30\text{dB}=10\times\log_{10}(S/N)$$

となり、S／Nは1000Wとなります。これを最初の式に代入すると、

$$C=4000\times\log_{2}1001$$

より、チャンネル・キャパシティは、39869bpsとなります。

電話回線を経由してインターネットに接続するモデムの転送速度は36000bps（36kbps）であり、39869bpsという最大情報量は妥当な水準でしょう。

電話の例を挙げましたが、一般的には、①B（帯域幅）を上げれば上げるほどC（総容量）を増やすことが可能、②S／N比のうち、シグナルの出力を上げれば上げるほどC（総容量）を増やすことが可能といえるでしょう。

このシャノンの数式は、電話回線に限らず物理メディアからチャンネル・キャパシティ（C）を算出することができるため、幅広く応用されており、現在の情報通信の礎となっています。

階層構造のメリットとエンド・ツー・エンドの原則

これまで、ＴＣＰ／ＩＰの階層構造について見てきましたが、このように階層構造をとることによってどういうメリットがあるのかについて、もう一度考えてみましょう。

たとえば、あるプログラマーがオンラインゲームのプログラムを書いていたとします。オンラインゲームでは、インターネットを通じてコミュニケーションします。もしもＴＣＰ／ＩＰがなければ、このプログラマーはゲームになんらかの変更を加える際に、物理層からアプリケーション層まですべてのプログラム、つまりパケットに付与する各層のヘッダ情報を書き直さなくてはいけません。これは大変な労力です。

しかしながら、ＴＣＰ／ＩＰは階層に分割されていて、かつそれぞれの階層同士が独立しているために、アプリケーション層を変えても、ほかの階層（トランスポート、ネットワーク、リンク、物理）はまったく変える必要はありません。これはどの階層を変える場合についても同様です。また、ネットワーク層ではどんな配送手段であろうが対応することが可能であると述べましたが、これはトランスポート、アプリケーションにおいても同じことがいえます。こうした柔軟性こそがインターネットの普及につながったともいえるでしょう。

これまで、アプリケーション層、トランスポート層、ネットワーク層、リンク層、物理層と追ってきましたが、アプリケーション層、トランスポート層での処理を行うのは一般的には端末に限定されます。これは、インターネットの中間に存在しているルータやスイッチはできるだけ転送のみに徹して、エンド（端）に存在する端末がアプリケーション層、トランスポート層での複雑な処理を担当するという原則によります。このことを「エンド・ツー・エンド」の原則と呼びます。

たとえば、前述のトランスポート層で仮想回線を利用する場合、どれだけパケットを送信しているのか、パケットが落ちていないか、など複雑な情報を管理する必要があります。しかし、途中のルータですべての端末について状態管理を行うことには、パフォーマンス上、限界があります。よって、ルータはできるだけパケットを転送するだけのシンプルな役割に徹して、それ以外は端末が処理をするのがインターネットのクオリティを保つうえで重要となります。

第4章 インターネットの郵便番号、IPアドレス

識別子としてのIPアドレス

第3章では、インターネットの階層構造とそれぞれの階層の役割について説明しました。そこでのポイントは、手紙が配送手段にかかわらず、郵便番号で識別できれば配送されるように、インターネットも配送手段は何であってもＩＰアドレスによって識別されればパケットが配送されることでした。ＩＰアドレスは、郵便番号、電話番号と同様に〝束ねる〟と〝振り分ける〟機能を有しています。ここでは、このＩＰアドレスについてもう少し掘り下げていくことにしましょう。

ＩＰアドレスは、インターネットの電話番号、郵便番号ともいうべき重要な役割を果たす識別

子である以上、何かしらの方法で一意に特定しなければなりません。ここで、少しおさらいをしておきましょう。

ＩＰアドレスは、32ビットを8ビットずつ区切った図４－１の形式をとります。したがって、その範囲は「0.0.0.0」から「255.255.255.255」となります。つまり、世の中に存在するＩＰアドレスの総数は、2^8の４乗＝2^{32}≒42・9億となります。問題は、42・9億もの膨大な要素をもつＩＰアドレス空間からどうやってあるＩＰアドレスを一意に特定するかということです。

42・9億ものなかから1つのＩＰアドレス（端末）を特定するのはきわめて困難です。そこで、ＩＰアドレスを束ねて、振り分けるというアプローチをとります。これは、第１章で述べた、Ａ県でＸ県Ｙ市Ｚ町（郵便番号812-00XX）宛の手紙を投函する場合と同じしくみです。

192.168.4.12

8ビット　8ビット　8ビット　8ビット

図４－１　IPアドレス

手紙の場合、Ｘ県までは「左1桁が8＝Ｘ県」という情報だけで到達でき、束ねた手紙がＸ県に到達したら、今度は「８１２＝Ｙ市」「下４桁が００ＸＸ＝Ｚ町」という具合に詳細な住所に振り分けていました。ＩＰアドレスはこの〝束ねる〟と〝振り分ける〟役割をルーティング（経路制御）という形で実現しています。ここではまず、ルーティングの話からはじめましょう。

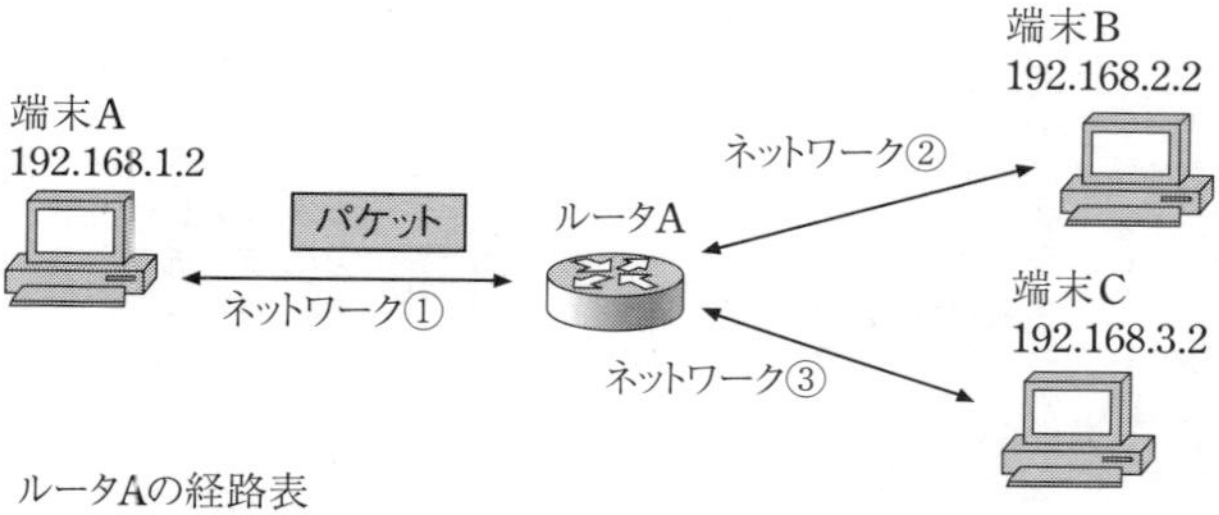

ルータAの経路表

宛先	転送先
192.168.1.2（端末A）	192.168.1.1（ルータA・ネットワーク①）
192.168.2.2（端末B）	192.168.2.1（ルータA・ネットワーク②）
192.168.3.2（端末C）	192.168.3.1（ルータA・ネットワーク③）

図4-2　ルータとパケット転送(1)

ルータは接続しているネットワークごとにIPアドレスを持つためルータAはネットワーク①②③との接続用に、合計3つのIPアドレスを持っている。また、経路表で転送先がルータAのIPアドレスになっているが、これはそれぞれのネットワークに転送することを表している。ルータAと端末は1対1で接続されているので、パケットは直接、宛先端末に届くことになる。

ルーティングと識別

第3章で述べたネットワーク層の役割を思い出してください。ネットワーク層の役割は、ネットワークとネットワークをゲートウェイで相互接続することでした。そして、このゲートウェイをルータと呼びました。ルーティングとはこのルータの振る舞い、特に、ルータがどうやってIPアドレスを束ねて、振り分けるかにほかなりません。

例をあげましょう。図4-2のように、ルータAは、ネットワーク①、②、③という3つのネットワークと相互接続しており、ネットワーク①、②、③のそれぞれ端末A、

Ｂ、Ｃと一対一リンクで接続されているとします。そして、端末Ａが端末Ｃ（192.168.3.2）宛にパケットを送信します。端末Ａとルータ Ａは一対一リンクで接続されているので、端末Ａからのパケットはまずルータ Ａに送られます。ルータ Ａはパケットを受信したのち、次の転送先を決めます。ルータ Ａには端末Ａ、Ｂ、Ｃが接続されているので、３つの選択肢のなかから１つの転送先を決定するわけです。

　転送先を決定する基準は、ルータが保持している宛先情報とパケットに記載されている宛先情報が一致するかどうかです。ルータ Ａは、端末Ａ、端末Ｂ、端末Ｃの３つの宛先情報と、パケットをどのネットワークに転送するかを決める転送先情報のペアを保持しています。この場合、パケットに記載されている宛先は端末Ｃ（192.168.3.2）ですので、ルータ Ａは端末Ｃが接続しているネットワーク③にパケットを転送します。この流れを経路制御（ルーティング）と呼び、宛先ＩＰアドレス情報と次の転送先の組み合わせの集合を経路表（ルーティングテーブル）と呼びます。

　ここで、ＩＰアドレスと経路の関係について整理しておきます。ＩＰアドレスとは32ビットの識別子に過ぎません。そのＩＰアドレスを束ねて、振り分ける役割を果たしているのが経路制御です。つまり、経路はパケットが宛先まで転送される道筋であり、ＩＰアドレスを束ねたり振り分けたりすることによって生成されるのです。

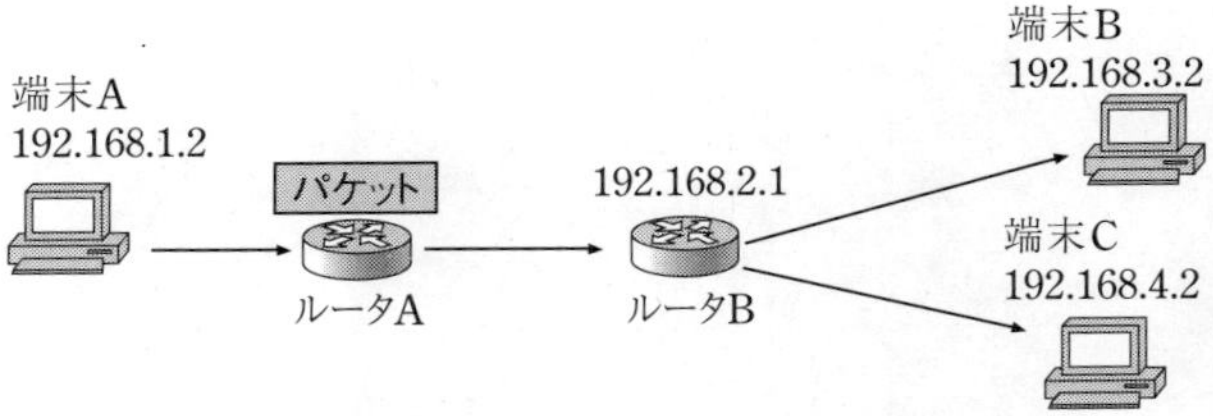

ルータAの経路表

宛先	転送先
192.168.3.2	192.168.2.1
192.168.4.2	192.168.2.1

ルータBの経路表

宛先	転送先
192.168.3.2	192.168.3.1
192.168.4.2	192.168.4.1

図4－3　ルータとパケット転送(2)
ルータＡは1つのネットワークとだけ接続しているが、ルータＢは2つのネットワークと接続している。

エンド・ツー・エンドの原則「複雑な処理は端末に、途中のルータはできるだけシンプルに」という思想がルーティングには反映されていて、パケットの転送方式はシンプルです。ネットワークが複雑になってもこの原則は変わりません。

図4－3は、ルータを2台に増やした場合のネットワークです。端末Ａは192.168.3.2（端末Ｂ）宛にパケットを送信します。まず、端末Ａと一対一で接続しているルータＡがそのパケットを受信します。そして、経路表を参照し、192.168.2.1（ルータＢ）に転送します。ルータＡからのパケットを受信したルータＢは、同様に経路表を参照し、一対一で接続している端末Ｂに転送します。このような、バケツリレーによく似たルータのパケット転送のことをホップ・バイ・ホップルーティングと呼びます。

コラム⑪ バケツリレーを体感

普通にパソコンを使っているなかでは、どのようにパケットがルーティングされているかはなかなか実感しにくいものです。宛先までどのような経路を通っているかを表示するプログラムにtraceroute/tracertというコマンドがあります。

ウィンドウズ2000／XP／ビスタの場合は、［スタート］→［アクセサリ］→［コマンドプロンプト］から、「tracert（ホスト名）」と入力します。ホスト名はインターネットに存在するものを指定します（IPアドレスとホスト名の関係については第6章で述べます）。

たとえば、tracert www.bbc.co.uk と入力すると、送信元である自分のPCから途中のルータを経由して最終的に宛先（www.bbc.co.uk）に到着するまでの様子が表示されます（図4－A）。

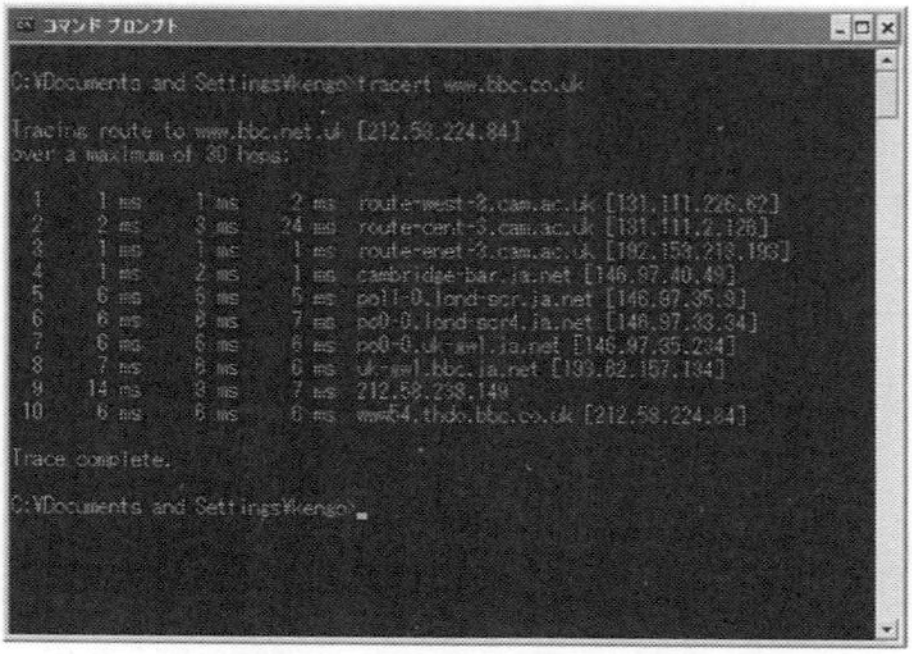

図4－A　tracert実行画面

Windows XPでの例を示した。

ただし、途中のルータで、tracerouteが利用しているICMPと呼ばれるプロトコルをブロックしている場合があり

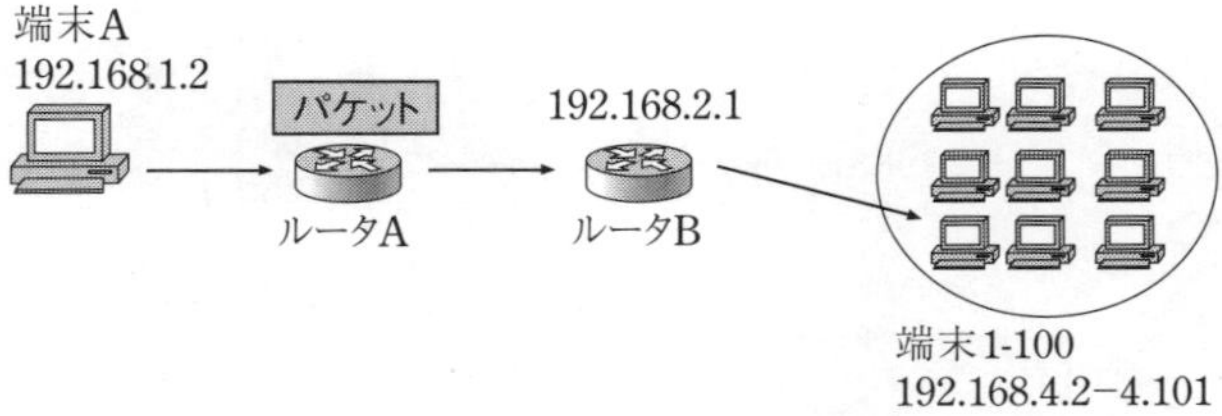

ルータAの経路表

宛先	転送先
192.168.4.2	192.168.2.1
⋮	192.168.2.1
192.168.4.102	192.168.2.1

ルータBの経路表

宛先	転送先
192.168.4.2	192.168.4.1
⋮	192.168.4.1
192.168.4.102	192.168.4.1

図4-4　端末が100台の場合

ます。その場合は、「＊」が表示されます。インターネットはバケツリレーとは実感できない方はぜひお試しください。

ＩＰアドレスにおけるホスト部とネットワーク部

前述したように、ルータの仕事は、受信したパケットの宛先ＩＰアドレスと経路表とを照合して、経路表から宛先ＩＰアドレスを見つけて、その転送先となっているＩＰアドレスにパケットを転送することです。

では、図４－４のように、ルータＢに同じネットワークの１００台の端末が接続されていた場合はどうなるでしょうか。ルータＢはむろん１００台分の経路表の宛先を保持することになり、ルータＡも同様です。さらに、ルータＡに複数のルータが接続されていたら、経路表の経路数はさらに多くなってし

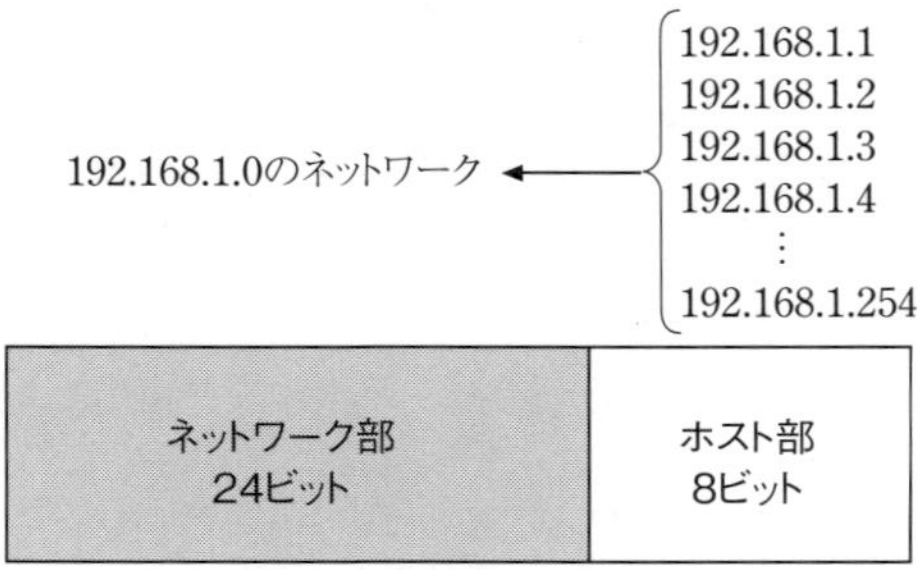

図4−5　ホスト部とネットワーク部の分離

ここでは、ホスト部の8ビットをネットワーク部の24ビットに束ねる場合を示している。ホスト部には、たとえば192.168.1.0から192.168.1.255までの$2^8 = 256$のIPアドレスがあるが、実際は先頭(0)のネットワークアドレスおよび最後(255)のブロードキャストアドレスは使用できないため、254のIPアドレスを束ねることになる。

まいます。

これを敷衍するならば、前述のようにＩＰアドレス空間は32ビットですから、経路表は最大で$2^{32} \fallingdotseq$ 42・9億の宛先を持つことになります。しかしながら、43億もの経路表の宛先のなかから1つの宛先を探すのは、明らかに非効率です。

これを郵便番号に置き換えてみれば、理論的には7桁つまり最大で10^7＝1000万の宛先を持つことになります。43億とは桁が違うものの、1000万のなかから1つの宛先を探すのも明らかに非効率です。そこで、郵便番号では「左1桁が8であればX県」と束ねています。

ＩＰアドレスでも、32ビットのＩＰアドレスをネットワークとして利用する部分とホスト（端末）として利用する部分に分離して、ホスト部のＩＰアドレスをネットワーク部に束ね、それをルータにおける経路情報としています（図４－５）。

すなわち、図４－４では１００もの経路表の宛先が必要でしたが、この方法なら192.168.10～255までの２５６のＩＰアドレス（ホスト）を「192.168.10のネットワーク」という１つの宛先に束ねることができるのです。

ＩＰアドレス割り当て

そもそもインターネットにおいて、ＩＰアドレスには32ビット空間という限られたリソース（資源）しかありません。つまり、誰もが勝手にＩＰアドレスを使用してしまっては、そのリソースは枯渇し、ＩＰアドレスの衝突が発生してしまいます。

この衝突および枯渇を避けるために、インターネットのＩＰアドレスは非営利団体であるＩＣＡＮＮ（Internet Corporation for Assigned Names and Numbers：インターネット資源管理協会）の組織であるＩＡＮＡ（Internet Assigned Numbers Authority）が管理しています。

たとえば、ある会社がＩＰアドレス割り当てをＩＡＮＡに申請します。ＩＡＮＡは世界中からＩＰアドレスの申請を受け付け、処理しなければなりません。ＩＰアドレスの申請が少ないうちは機能しますが、申請が増えると処理しきれなくなります。

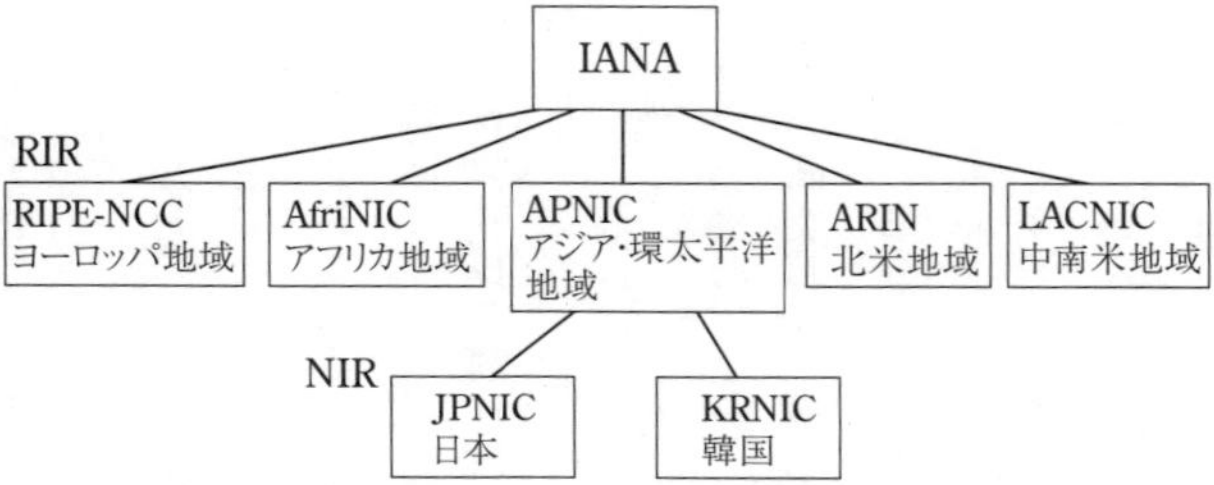

図４−６　地域レジストリと国別レジストリ

そこで、現在ではＩＡＮＡを頂点にして、ヨーロッパ、アフリカ、アジア・環太平洋、北米、中南米と、地域ごとにＩＰアドレス割り当て機関（レジストリ）が存在します（図４−６）。これをＲＩＲ（Regional Internet Registry：地域レジストリ）と呼びます。

地域レジストリ、たとえばＡＰＮＩＣの下には、日本でのＩＰアドレス割り当てを担当するＪＰＮＩＣ、韓国で同様の業務を担当するＫＲＮＩＣと、国ごとにＩＰアドレス割り当て機関が存在します。これをＮＩＲ（National Internet Registry：国別レジストリ）と呼んでいます。

日本の会社がＩＰアドレスの割り当てを希望する場合、ＪＰＮＩＣに申請することになります。レジストリは、その申請どおりＩＰアドレスが利用されると判断した場合に、ＩＰアドレスを割り当てます。

コラム 12 割り当てと割り振り

私たちは通常、割り当てと割り振りという言葉を同じ意味合いで使うことが多いですが、レジストリでは割り当て（assignment）と割り振り（allocation）を厳密に区別します。

ＩＰアドレスは、前述のようにＩＡＮＡから地域レジストリ、国別レジストリ、ユーザーへと、上位レジストリから階層的に利用できるＩＰアドレスの範囲が分配されます。この階層構造において、インターネットレジストリに再分配用として分配することを割り振りといいます。

一方、インターネットレジストリに割り振られたＩＰアドレスを、ネットワーク利用のためにエンドユーザーに分配することを、割り当てといいます。

クラス別ＩＰアドレス割り当て

これまで、経路表から１つの宛先ＩＰアドレスを探すのは非効率であることから、ネットワーク部・ホスト部を分離して、経路表に掲載する情報を減らすアプローチについて説明しました。では、実際にはどのようにＩＰアドレスをネットワーク部に束ねるのでしょうか。インターネット誕生当初は、「クラス別ＩＰアドレス割り当て」という方式で束ねていました。

クラス別ＩＰアドレス割り当てとは、名前が示すようにクラスごとにＩＰアドレスを割り当てる方式です。クラスは、ネットワークの大きさによって決まります。8ビットごとに区切られているIPアドレス（ホスト部分）を、ネットワークの規模に応じて8ビットずつネットワーク部分にシフトさせ、クラスにわけるのです。クラスはA、B、C、D、Eにわかれていますが、クラスDはマルチキャスト用、クラスEは将来利用するための予備用であり、ここでは触れません。ここからは、主要クラスであるクラスA、B、Cについて述べます。

クラスAとは、ネットワーク部が8ビット、ホスト部が24ビットのクラスです（図4－7）。つまり、クラスA1つのネットワークに、2^{24}≒1677万ものホストを収容することが可能です（各クラスの先頭にあるネットワークアドレスと最後にあるブロードキャストアドレスは使用できないので、厳密には収容ホスト数は2台少なくなります）。

ルータが宛先IPアドレスがクラスAであるかどうかを識別するためには、先頭の1ビットをクラス識別ビットとして調べます。クラス識別ビットが「0」の場合、そのIPアドレスはクラスAとみなされます。つまり、8ビットのネットワーク部が00000000（0）から01111111(127)の範囲、ホスト部を含めて表現すれば、0.0.0.0から127.255.255.255までがクラスAの範囲となります。

クラスBの場合は、図4－8のようにネットワーク部16ビット、ホスト部が16ビット、つまり1ネットワークあたりに収容できるホストは2^{16}≒6万5000台です。クラスBでは、クラス

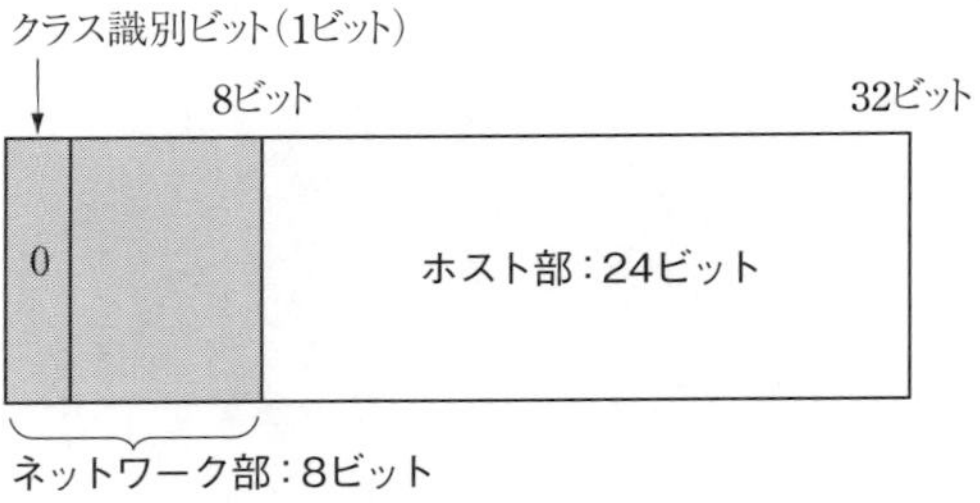

図4-7　クラスA

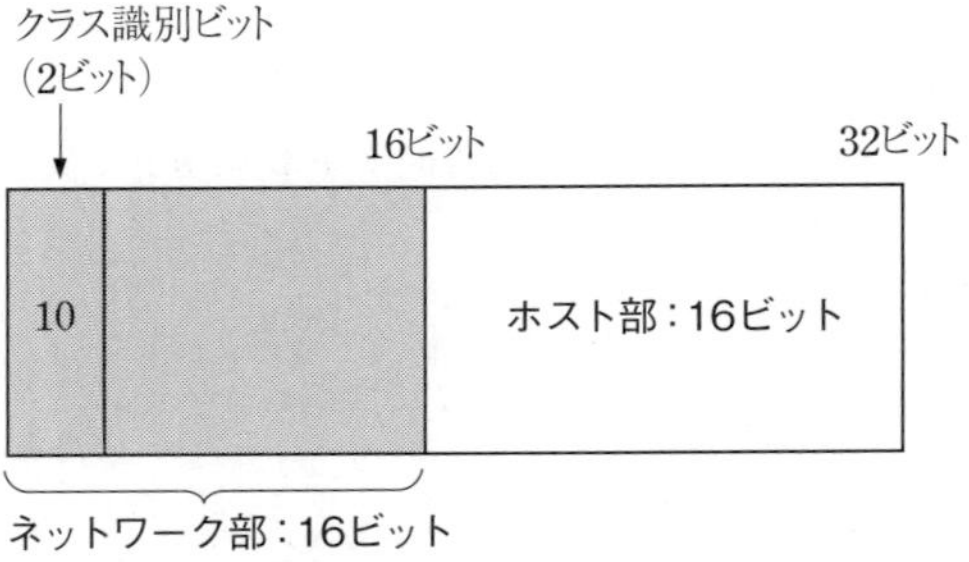

図4-8　クラスB

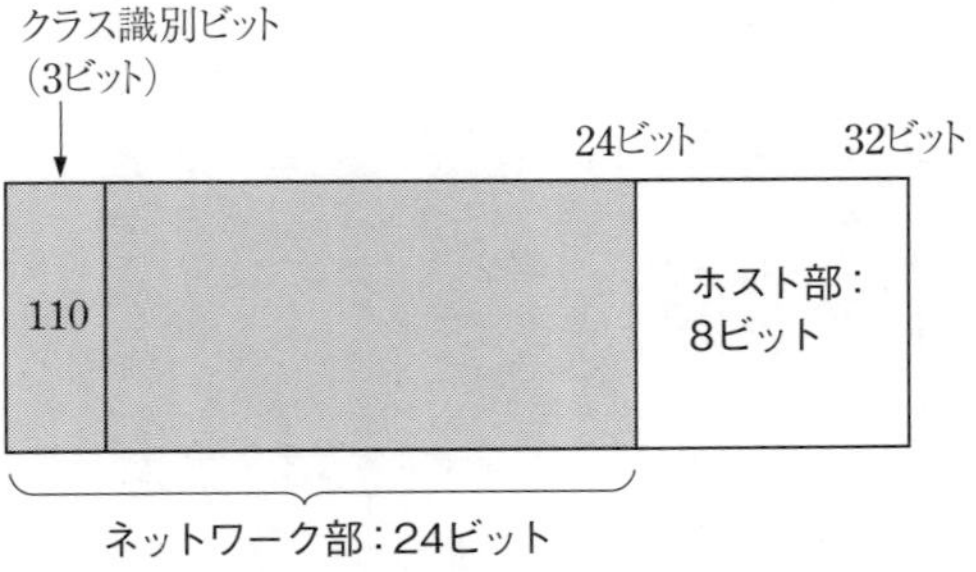

図4-9　クラスC

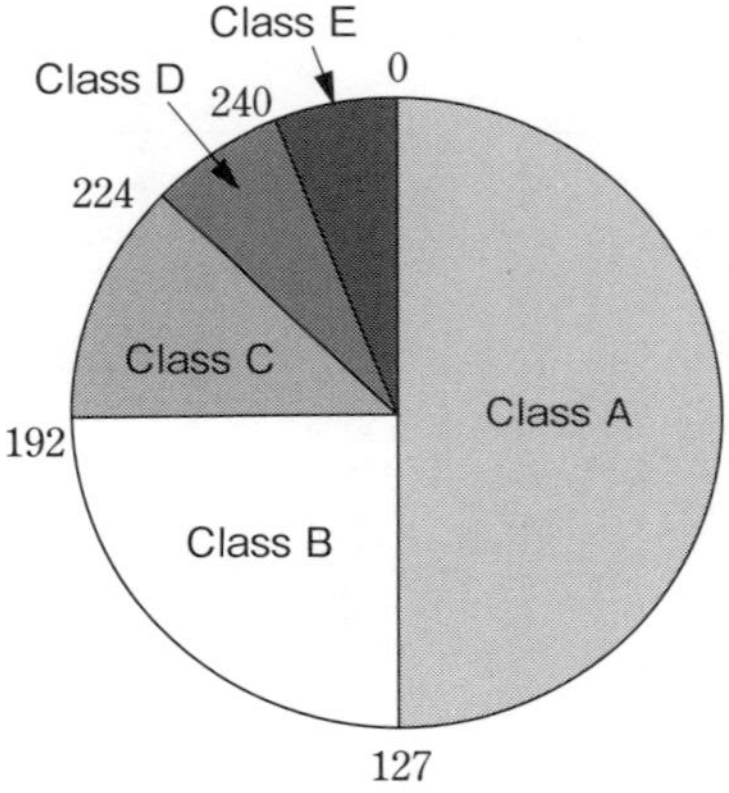

図4-10　クラス別IPアドレス分布

識別ビットは先頭の2ビットです。クラス識別ビットが「１０」の場合、そのＩＰアドレスをクラスＢとして扱います。よって、クラスＢがとりうるＩＰアドレスの範囲は、10000000.00000000（128.0）から10111111.11111111（191.255）、ホスト部を含めて表すと128.0.0.0〜191.255.255.255となります。

　クラスＣの場合は、図４-９のようにネットワーク部が24ビット、ホスト部が8ビットなので、収容できるホストは、$2^8-2=254$台となります。クラス識別ビットは「１１０」であり、ネットワーク部の範囲は11000000.00000000.00000000（192.0.0）から11011111.11111111.11111111（223.255.255）です。ホスト部を含めたクラスＣのＩＰアドレスの範囲は192.0.0.0〜223.255.255.255となります。

　クラス別ＩＰアドレスの分布を示したグラフが図４-10です。この図からわかるように、すべてのＩ

ＰアドレスのうちクラスＡが占める割合は、50％です。つまり、クラスＡを無条件に大量に割り当てると、32ビットの空間といえども、あっというまにＩＰアドレスがなくなってしまうのです。

クラス別ＩＰアドレス割り当ての行き詰まり

じつは、現在ではクラス別ＩＰアドレス割り当ては実施されていません。規模（クラス）に応じてＩＰアドレスを割り当てていましたが、クラスの区分があまりにも大雑把すぎたため、機能しなくなってしまったのです。たとえば、次の場合を考えてみてください。Ａ社には２６０台のパソコンがあり、１台ずつにＩＰアドレスを付与する必要があります。Ａ社は、どのクラスのＩＰアドレスを申請すればよいでしょうか？

クラスＡでは、ホスト部が24ビットすなわち１６００万ものホストを収容することができ、２６０では大量に余ってしまいます。クラスＢの場合、ホスト部が16ビット、すなわち6万５０００ものホストを収容できます。これもＡ社にとっては大きすぎます。一方、クラスＣの場合、ホスト部が8ビットすなわち２５４ホスト、つまり、Ａ社が必要とする２６０に達しません。

結果として、Ａ社が申請するクラスはクラスＢとなります。１９８０年代であれば、インターネットがまだ爆発的に普及する以前だったこともあり、２６０のホストを持つネットワークに対しても容易に、６万５０００のホストを収容できるクラスＢが割り当てられました。
しかし、１９９０年代になってウェブの増加やＩＳＰ（インターネットサービスプロバイダ）の登場などによりインターネットが急速に普及するようになります。普及にしたがって、当然、ＩＰアドレスの割り当て件数も増加します。

当時、クラスＡはすでに米国の大学機関などにおおかた割り当てられている状況で、クラスＢの割り当てが増えたため、クラスＢ空間が枯渇してきました。すると、レジストリはクラスＢの代わりに連続したクラスＣを割り当てることになります。前述のＡ社の場合、クラスＣが２ブロックあれば十分事足ります。

しかしながら、クラスＣを複数割り当てるということは、それだけ経路数が増えることを意味します。たとえば、１万のホストを持つ会社があったとします。クラスＢを割り当てられれば経路を１つに集約することができますが、クラスＣの場合、10000/254より、40経路になります(図４－11)。インターネットの経路が増大するということは、それだけルータのメモリをより多く消費し、負荷が増して、最終的には通信できなくなることもあります。

この問題は、ＩＰアドレスに対して「クラス」が存在するということにつきます。こうして、クラス別ＩＰアドレス割り当ては１９９０年代に入って行き詰まりました。

１９９２年、インターネットのアーキテクチャについて提言する機関ＩＡＢ（Internet

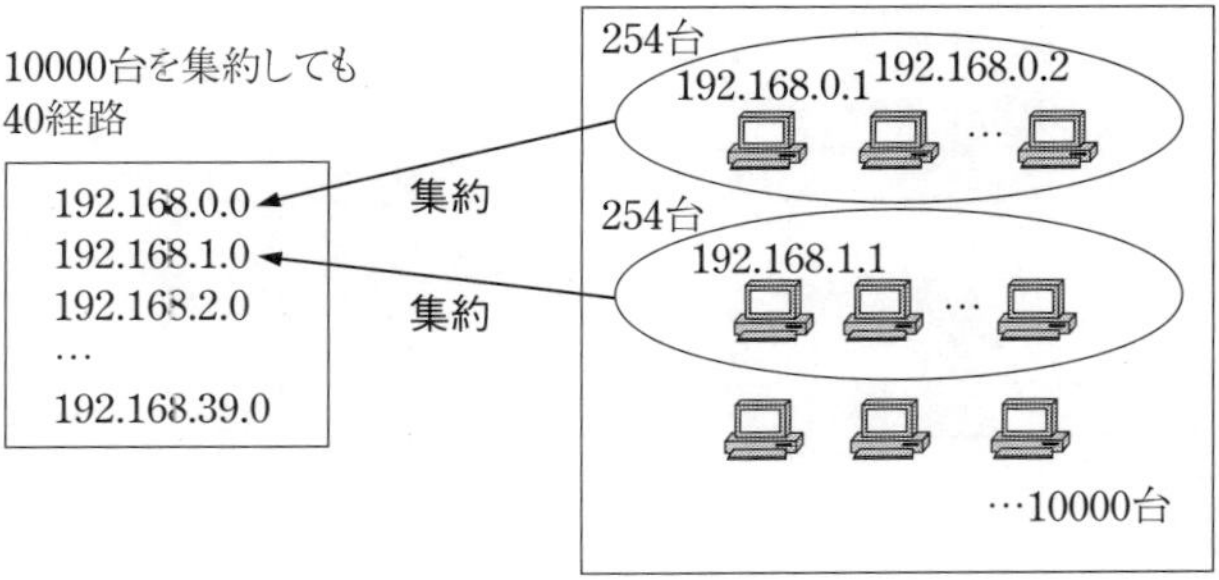

図4－11　クラスＣでは経路数が増加

Architecture Board：インターネットアーキテクチャ検討委員会）は、行き詰まりをみせたクラス別アドレス割り当てに対して、次の方針を打ち立てます。

1．短期的な解決策として、ＶＬＳＭ／ＣＩＤＲ（Variable Length Subnet Mask：可変長サブネットマスク、Classless Inter-Domain Routing：クラスレスドメイン間ルーティング）を用いる。

2．長期的な解決策として、ＩＰｎｇ（Internet Protocol next generation：次世代ＩＰ）に移行する。

すなわち、短期的にはクラスを廃止したＩＰアドレス割り当ておよびルーティングを採用し、長期的にはＩＰアドレス空間を拡張した次世代ＩＰに移行するというものです。

可変長サブネットマスク

可変長サブネットマスク（ＶＬＳＭ）とは、クラスを廃止して、ネットワーク部分を可変長にしたＩＰアドレスの集約

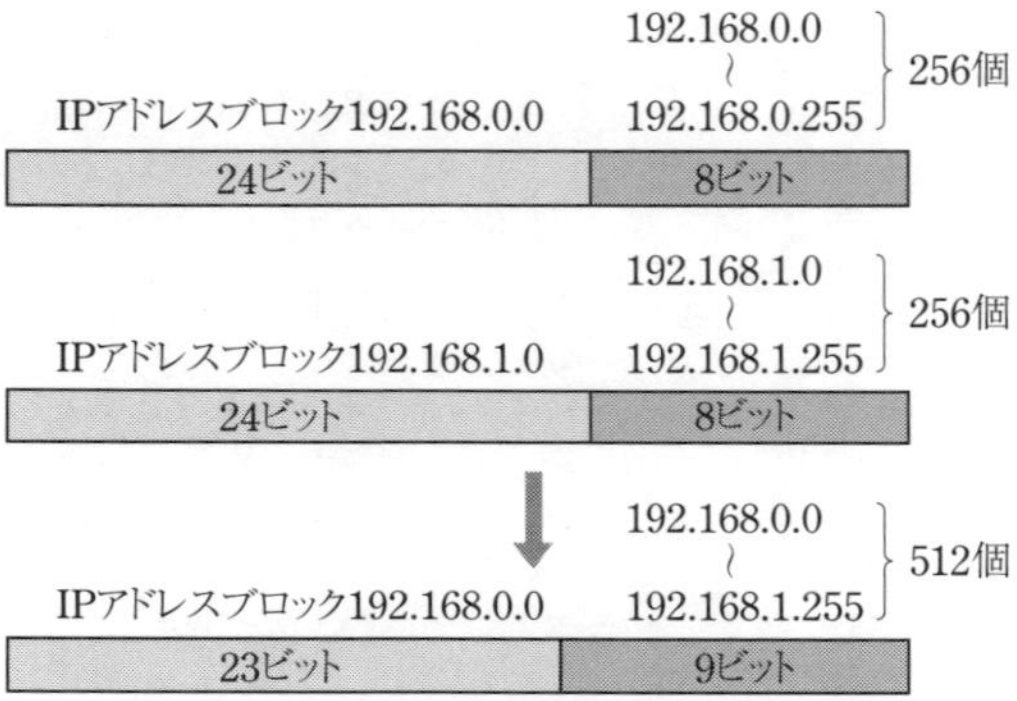

図4-12　2つのクラスCを1つに集約

方式です。クラスを廃止しているため、当然、クラス別アドレス割り当てにあったクラス識別ビットもありません。

図４-12を見てください。上の２つは、ホスト部分が８ビットのクラスＣブロックです。左上のネットワーク部の192.168.0.0は192.168.0.0〜192.168.0.255のＩＰアドレスの集合を表し、ＩＰアドレスブロックと呼ばれます。その下の192.168.1.0も同様です。

ＶＬＳＭの基本的な考え方は、２つのＩＰアドレスブロックを集約することです。図４-12下図のように、ネットワーク部のビットを１ビット減らし、その分ホスト部を１ビット増やします。よって、ネットワーク部は、23ビット、ホスト部は９ビット。ＩＰアドレスの総数は、2^9＝５１２となります。しかし、この場合も、左側のＩＰアドレスブロックは上のクラスＣと同じ192.168.0.0となっています。つまり、このＩＰアドレスブロック192.168.0.0には、クラスＣのＩＰアドレスブロック192.168.0.0とＩＰアドレスブロック192.168.1.0が含まれているのです。

クラス別アドレス割り当ての場合は、クラスの識別をクラス識別ビットで行っていましたが、ＶＬＳＭにおいては、クラス識別ビットでネットワーク部とホスト部の識別はできません。そこで、「ネットマスク」という概念を用いて識別します。

ここで問題となるのは、ＩＰアドレスブロックの表記を見ただけでは、ネットワーク部が何ビットでホスト部が何ビットか、つまりネットワーク部とホスト部の境界を判断できないということです。

ネットマスク表記は、クラスレスアドレス割り当てにおいて重要な意味を持っています。クラス別アドレス割り当ての場合、クラスＣでは、クラス識別ビット（先頭３ビットが１１０）でクラスＣと判断することができ、かつ、ホスト部が８ビット、さらには、クラスＣ・ＩＰアドレスの先頭（ネットワークアドレス）と末尾（ブロードキャストアドレス）は自動的に判断することができました。しかし、クラスレスアドレス割り当ての場合、ネットワークアドレスがどこで、ブロードキャストアドレスがどれかが判別できません。この判別に用いるのが、ネットマスクなのです。

具体的に見ていきましょう。図４-13は、ＩＰアドレス192.168.0.1におけるネットマスクを

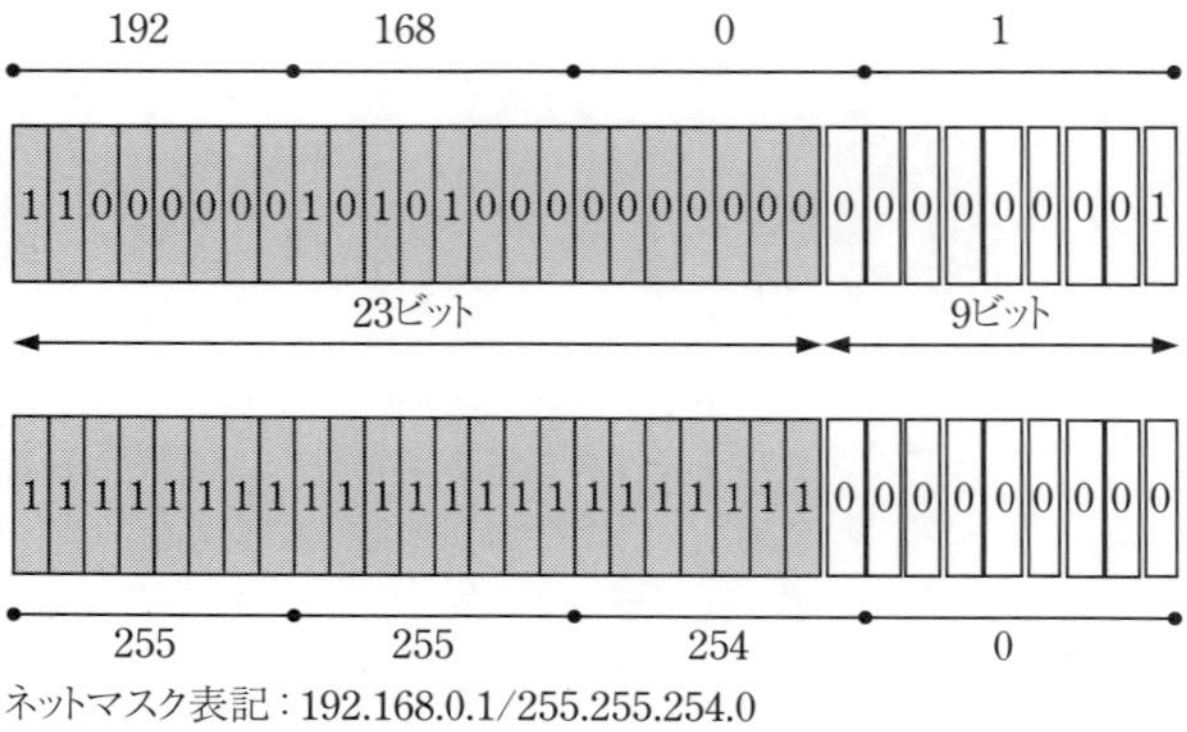

図4-13　ネットマスク
上の図で、ホスト部（白地の部分）をすべて0で置き換えたものが、このIPアドレスが含まれるIPアドレスブロック192.168.0.0のネットワークアドレス、すべて1で置き換えたものがブロードキャストアドレスとなる。

示しています。この場合、ネットワーク部は23ビットでホスト部は9ビットです。ネットマスクは、ネットワーク部のビットをすべて1に、ホスト部のビットをすべて0で表したもので、この場合は10進表記にすると255.255.254.0となります。これをIPアドレスと併記することで、ネットワーク部が23ビットであることを示しているのです。

　そして、ホスト部の先頭であるネットワークアドレスは、ホスト部9ビットをすべて0で表した11000000.10101000.00000000.00000000（10進数では192.168.0.0）となり、最後のブロードキャストアドレスはホスト部9ビットをすべて1で表した11000000.10101000.00000001.11111111（10進数

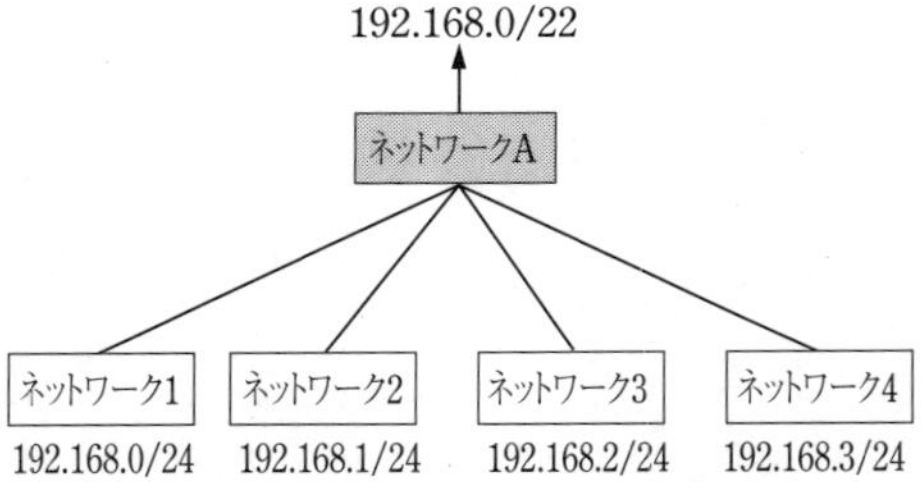

図4−14　ネットワークレベルでの集約

では192.168.1.255）となります。このような計算によって、ネットワーク部に集約されたＩＰアドレスの範囲を明確にしているのです。

　ネットマスクの表記には、ＩＰアドレスのあとに／（スラッシュ）をはさんでネットワークのビット長を追加する方法もあります。前述の例では192.168.0.1/23となります。また、192.168.0/23のようにホスト部を含まない表記によって、集約されたＩＰアドレスブロック（ネットワーク）を表すこともできます。図４－12上のクラスＣなら、192.168.0/24となるわけです。これを英語で接頭辞を意味するprefix（プレフィックス）と呼びます。

　ここまでみてきたような集約は、ネットワーク部とホスト部だけでなく、ネットワーク部同士でも可能です。図４－14では、ネットワーク１、２、３、４に、それぞれ①192.168.0/24、②192.168.1/24、③192.168.2/24、④192.168.3/24のＩＰアドレスブロックが付与されています。そして、４つのネットワークがそれぞれネットワークＡに接続して、ネットワークＡ経由でインターネット接続しているとします。ネットワークＡは、端末間接続におけるルータのような役割を担うことになります。また、複数のネットワークが接続しているという点で、ＩＳＰ（プロバイダ）のような役割を果たしているともいえるでしょう。

このとき、ネットワークＡは、４つ分のネットワークの経路から個別にインターネット接続することもできます。ルータでいえば、経路表に４つのネットワークそれぞれを宛先として持つということです。しかしながら、ネットワーク１、２、３、４はすべて連続しているＩＰアドレスです。つまり、①192.168.0/24と②192.168.1/24はそれぞれ「／24」のネットワークですが、110ページの例と同じように集約すれば、192.168.0/23のネットワークであるともいえます。同様に③192.168.2/24と④192.168.3/24は192.168.2/23のネットワークです。

さらには、192.168.0/23と192.168.2/23を同じように集約すれば192.168.0/22（ネットマスクは255.255.252.0）、すなわち／24を４つ集約したネットワークブロックとなります。

集約するメリットは前述のように、経路数を抑えられることがいちばん大きいといえます。図４－14では、／24ならば４つの経路となるところを、／22に集約することによって１経路にできました。ただし、すべてこのようにうまく集約できるとは限りません。経路集約にも問題があるのです。

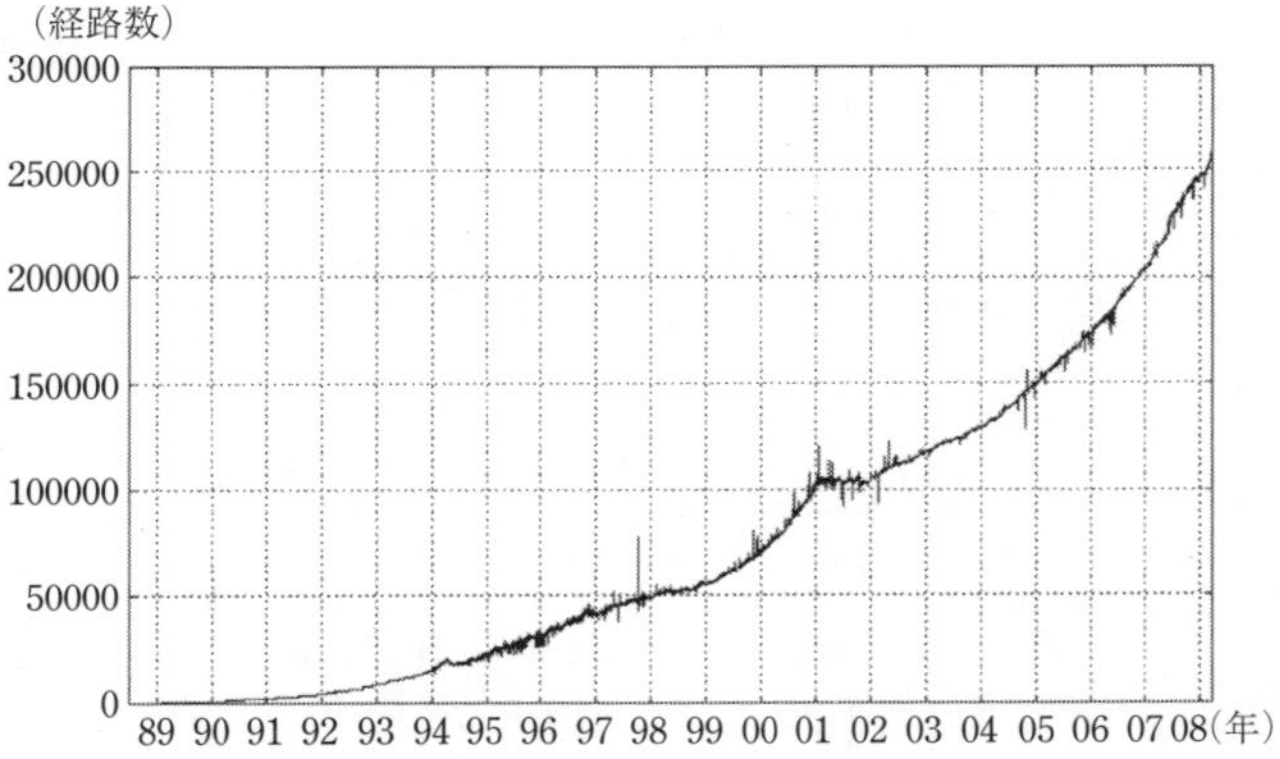

図４－15　インターネットの経路数の変化
http://bgp.potaroo.net/as1221/bgp-active.html（Geoff Huston氏によるBGP経路分析サイト内）を改変

経路集約の問題点と次世代ＩＰへの要求

図４－15は、１９８９年から２００８年までの世界中のインターネットの経路数を示しています。ＶＬＳＭの当初の目的は経路数を減らすことでした。しかしながら、１９９０年以降、経路数は減るどころか指数関数的に増え、２００８年にはその数は25万にも達しています。どうして経路数は増え続けるのでしょうか。もちろん、インターネットに接続する組織が増えたからということもあります。しかしながら、本質的な問題は、集約がうまく機能していないというところにあるのです。

図４－14では、ネットワーク同士で経路を集約できることを示しました。しかし、肝心のネットワークＡがダウンした場合はどうなるでしょうか？　当然のことながらネットワーク１～

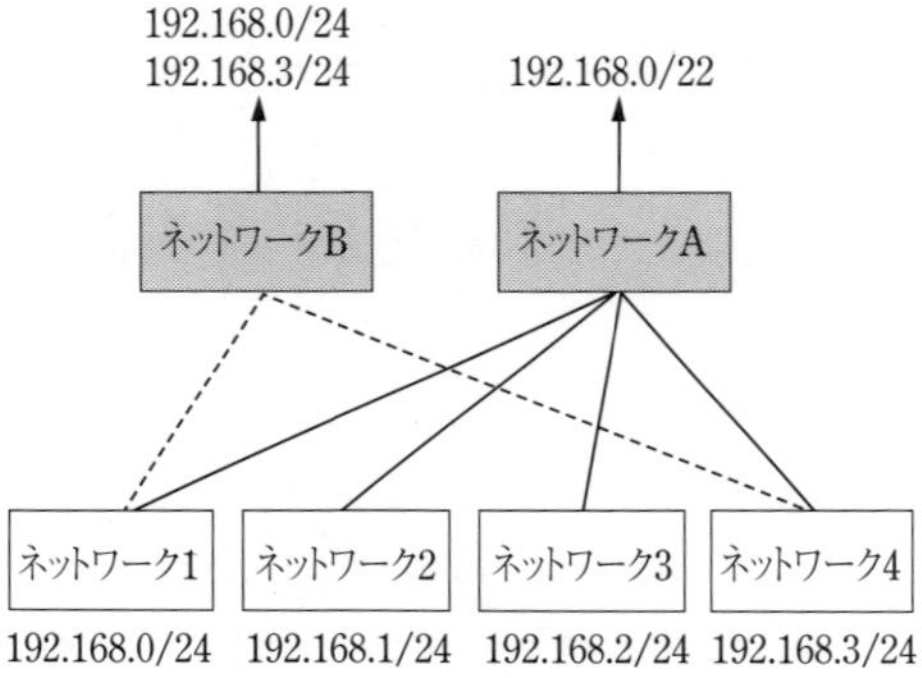

図4-16　マルチホーム

4はすべて到達性を失ってしまいます。

インターネットをビジネスの基盤として利用している企業などにとっては、インターネットへの到達性が失われることは大きな損失をもたらし、致命的となります。ゆえに、ネットワークAがダウンしても、別のネットワークに切り替えるしくみが必須です。

図4-16を見てください。ネットワーク1とネットワーク4は、ネットワークA以外にネットワークBとも接続されています。すなわち、ネットワークAがダウンすれば、ネットワークBに切り替わり、ネットワークBがダウンすればネットワークAに切り替わるしくみです。これを複数の上位ネットワークに接続されているという意味でマルチホームと呼びます。

マルチホームは、片方のネットワークがダウンしても別のネットワークに切り替わる、という意味で冗長性を提供していることになり、有効です。しかし、最大の問題点は、ＩＰアドレスを集約できない点にあります。

　図４－16では、ネットワーク１～４がネットワークＡと接続していますが、ネットワーク２、３はネットワークＢとは契約していません。この場合、ネットワークＡ経由ならば192.168.0/24～192.168.3/24の４経路をまとめて192.168.0/22という経路に集約することができますが、ネットワーク２、３がネットワークＢと契約していない以上、ネットワークＢ経由では経路は集約できません。つまり、結局はネットワークごとに「／24」の経路が必要になるため、ＶＬＳＭでも経路の増加を止めることができないのです。

　さらには、つねにＩＰアドレスブロックが連続しているとは限りません。192.168.1/24の経路と192.168.4/24の経路とは、当然集約することはできないのです。経路の切り替えについては次章でさらにくわしく述べます。

　以上の理由により、ＶＬＳＭはあくまで短期解であって、より広いＩＰアドレススペースを持つ新しいＩＰ（Internet Protocol）の導入こそが長期解として求められます。それがＩＰｖ６（Internet Protocol version6）です。ＩＥＴＦ（Internet Engineering Task Force：インターネット技術標準規格委員会）でのさまざまな議論をへて、１９９５年に正式に次世代インターネットプロトコルとして標準化されました。今後、ＩＰｖ４アドレスが枯渇することが予想されており、近い将来ＩＰｖ６への移行が検討されています。

ネットワークアドレス変換

ＩＰｖ６が標準化された１９９５年ごろ、現在のＩＰｖ４アドレスは２００７～２００８年に枯渇するだろうと予測されていました。しかし、現在の予測では、ＩＰｖ４アドレスの枯渇は２０１０年あたりと修正されています。この大幅な修正の理由としてＮＡＴ（Network Address Translation：ネットワークアドレス変換）があります。ＮＡＴとは、ルータでＩＰアドレスを変換する技術であり、現在幅広く用いられています。

ネットワークアドレス変換について、ＩＥＴＦで標準化された規約文書であるRFC1918には、「10.0.0.0～10.255.255.255、172.16.0.0～172.31.255.255、192.168.0.0～192.168.255.255のネットワークに限っては、ＩＰアドレスをインターネットに広告（経路情報の通知）しないことを条件に誰もが自由に使って良い」という規定があり、これをプライベートＩＰアドレスと呼んでいます。私たちが日常ブロードバンドルータ経由でインターネット接続している場合の多くはプライベートＩＰアドレスを利用しています。

もちろん、それ以外のＩＰアドレス空間については、前述のようにレジストリが一意に割り当てているため、誰もが自由に利用することはできません。このＩＰアドレスのことをプライベートＩＰアドレスと対比してグローバルＩＰアドレスと呼んでいます。

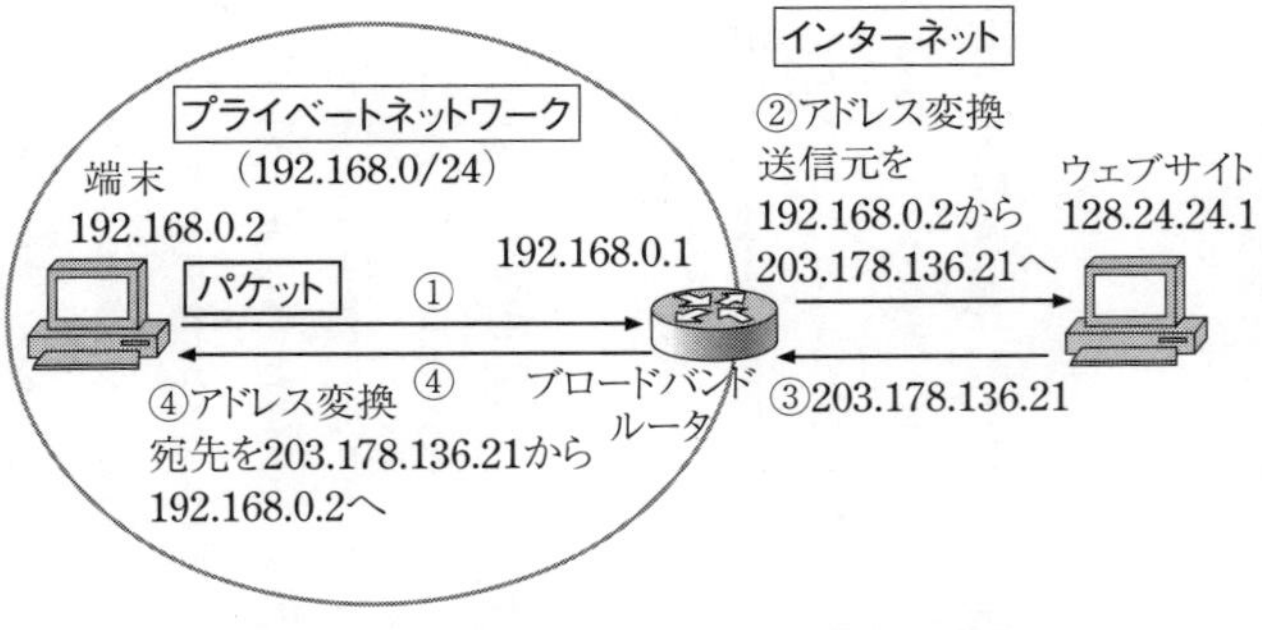

図4−17　NATによるIPアドレス変換

図4−17では、192.168.0/24というプライベートネットワークとインターネットがルータを介して接続されています。ルータのインターネット側には203.178.136.21というグローバルＩＰアドレス、プライベートネットワーク側には192.168.0.1というプライベートＩＰアドレスがつけられています。

このとき、プライベートネットワーク内にある端末が、あるウェブサイト（128.24.24.1）に接続するとします。このホストはまずルータ（192.168.0.1）にパケットを送信します（①）。ルータはパケットを受信すると、パケットの送信元ＩＰアドレス（192.168.0.2）を自身のグローバルＩＰアドレス（203.178.136.21）に書き換えてウェブサイトと接続します（②）。ウェブサイトはルータからのパケットを受信したら、今度はルータ（203.178.136.21）にパケットを送信します（③）。ルータはパケットを受信したら宛先をグローバルＩＰアドレス（203.178.136.21）からプライベートＩＰアドレス

（192.168.0.2）に変換します（④）。

つまり、組織の１つにグローバルＩＰアドレス１つを割り当てておいて、組織内はすべてプライベートＩＰアドレスで賄うことができれば、グローバルＩＰアドレスの消費はごくわずかで済みます。実際のところ、家庭で広く普及しているブロードバンドルータなど多くの製品はこのＮＡＴ機能を標準で利用しています。

ＮＡＴはグローバルＩＰアドレスの消費を抑制しますが、パケットの送信元ＩＰアドレスを書き換えるがゆえに、エンド・ツー・エンドを基本とするインターネットとの親和性を損ねることもあります。

たとえば、セキュリティです。ネットワーク層でセキュリティを確保するＩＰｓｅｃという技術があります。これはホスト間でパケットが第三者によって改竄《かいざん》されていないことを証明するしくみです。ＮＡＴの場合、途中でパケットのなかの送信元および宛先の内容を書き換えるため「改竄」とみなされて、ＩＰｓｅｃが利用できません。こうした点から、ＮＡＴはあくまでも一時的な手段であり、ＩＰｖ６への移行が本命といわれているのです。

第5章 情報のバケツリレー、ルーティング

本章では、ＴＣＰ／ＩＰの根幹をなすＩＰ（Internet Protocol）のなかでも重要な役割を果たすルーティング（経路制御）について、さらにくわしく見ていきます。

まず、ちょっと復習しましょう。インターネットはネットワークとネットワークの相互接続により成り立っており、その相互接続の役割を提供しているのがゲートウェイ（ルータ）でした。ネットワークが相互接続していることで、ルータが受信したパケットの宛先ＩＰアドレスと自身の経路表（宛先経路と次の転送先の集合）を参照して、次の宛先にパケットを転送することが可能になるわけです。ここからは、ルータがどのように経路情報をやりとりしていくかを見ていくことにします。

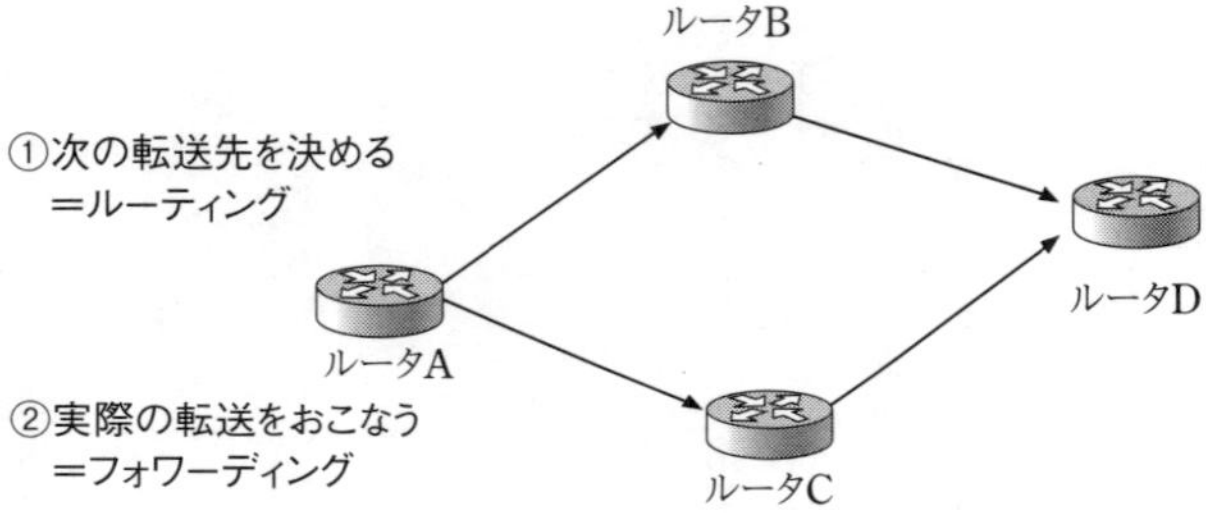

図5-1　ルーティングとフォワーディング

ルーティングとフォワーディング

ルータの役割は、①次にどの宛先に転送するかを決定すること（ルーティング）、②実際のパケットを転送すること（フォワーディング）の2つにわけられます。

具体例で説明しましょう。図5-1では、ルータAがルータD宛にパケットを転送します。ルータAは、ルータDに到達するためルータBあるいはルータCを経由します。ルータB、ルータCのどちらの経路を選択するか、この決定方法をルーティングと呼びます。経路が決定されたら、ルータAはルータBまたはルータCにパケットを転送します。この実際のパケット転送をフォワーディングと呼びます。

フォワーディングは高速に処理する必要があるため、現在のルータのほとんどはこのフォワーディング部分に関して専用のハードウェアを用いて処理をしています。

インターネットにおける透過性

ルーティングは、端末と端末が円滑に通信するのを助ける役割を担っています。「円滑」とは漠然とした表現ですが、たとえば、送信元が東京で宛先がブラジルであろうが中国であろうが、「距離」に関係なく通信できることです。

ＶｏＩＰ（Voice over IP：インターネット電話）では料金が月額固定で、ＶｏＩＰ同士であれば24時間無料など一般電話にくらべて格安なのは、インターネットでは距離を意識する必要もなく、もちろん中間のネットワークを意識する必要もないからです。このような状態を「距離に対して透過性がある」といいます。電話の場合、課金単位は市内通話、県外通話、国際通話と距離によって決まっているのとは対照的です。

さらに、これまでも述べたように、インターネットは物理メディアがダイヤルアップ接続であろうと、ＦＴＴＨであろうと円滑に通信を行うことができます。これは、物理メディアに対して透過性を提供しているといえるでしょう。

つまり、端末同士が円滑に通信できるということは、中間のネットワークを意識することなく（＝透過性を提供）、通信できている状態であることなのです。

図５－２は、障害に対する透過性を示しています。端末Ａは端末Ｂと通信しており、端末Ａ、Ｂ間では、ルータＡ、Ｂがパケットを転送しています。しかしながら、なんらかの原因でルータ

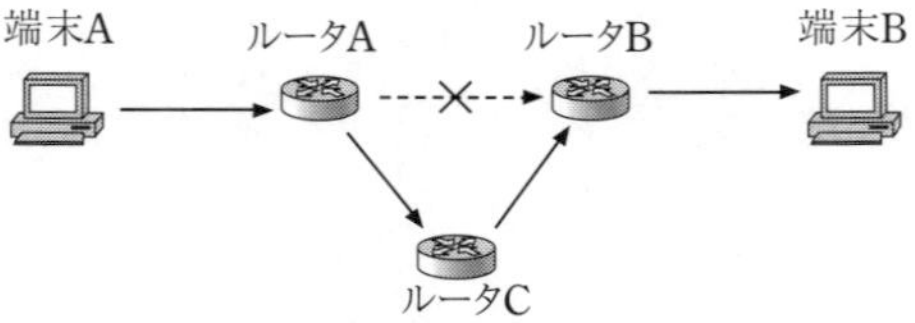

図5－2　障害に対する透過性

AとルータB間のリンクが切断した場合、端末Aと端末Bとの通信は途切れてしまいます。

したがって、ルータAとルータB間のリンクが切断した直後に、ルータA、Bがこの切断を検知し、ルータC経由で迂回するようにしておくのです。こうすれば、たとえルータA、ルータB間で障害が発生しても、端末A、B間の通信には影響をおよぼさずにすむ、すなわち障害に対する透過性を提供していることになります。

このように「障害に対する透過性」を提供するのが本来のルーティングの役目と言い換えることもできます。もちろん、次の転送先を決めることがルーティングの役割なのですが、そのなかには、インターネットにおいて障害が発生した際、それを検知して宛先に到達できる次の（別の）転送先を決めるといった、一連の「障害に対する透過性の提供」というインターネットにおいて重要な役割が含まれているのです。

もっとも単純なルーティング、静的ルーティング

前章でも述べたように、インターネットのルーティングは基本的にはバ

図5－3　バケツリレー

ケツリレーです（図5－3）。ポイントは、バケツリレーの場合は次にバケツを回すべき相手は隣にいる人と決まっていますが、ルーティングの場合、次にパケットを転送する相手をなんらかの方法で決めなければならないということです。

次の転送先を、ネットワーク管理者によって一意的に決める方法が静的（スタティック）ルーティングです（図5－4）。郵便に置き換えれば、A県郵便局に集まった手紙のうち宛先がX県のものは、例外なく飛行機で配送する方法とでもいえるでしょう。

図5－4では、端末A（10.0.0.2）と端末B（172.16.0.2）がパケットを交換しています。端末Aの送信するパケットが、端末Bに到達するまで、ルータA→ルータB→ルータ

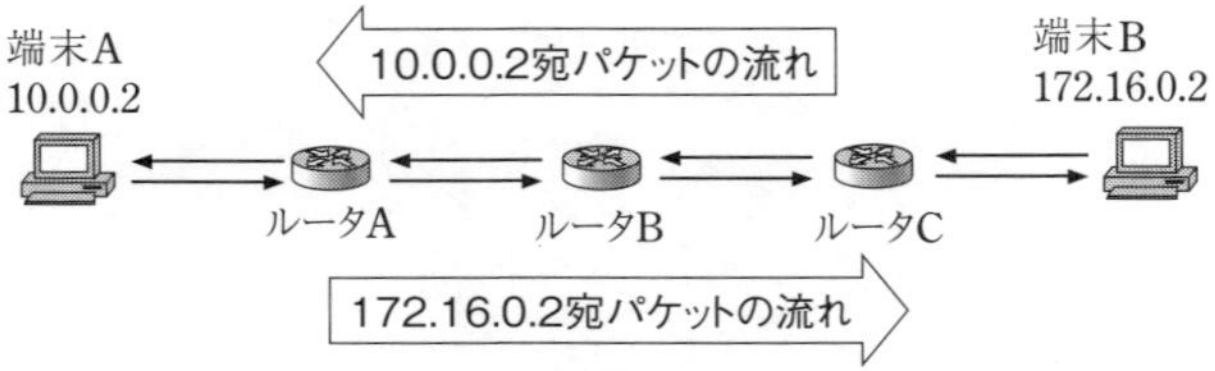

図5－4　静的ルーティング

Ｃと経由します。同様に、端末Ｂから端末Ａまでは、ルータＣ→ルータＢ→ルータＡと経由します。

静的ルーティングでは、すべてのルータにおいてネットワーク管理者が手動で経路表の要素である宛先および次の転送先を設定します。

ここでは管理者になったつもりで、どのようにルータを設定すれば端末Ａから端末Ｂにパケットを送信できるか考えてみましょう。端末Ａと端末Ｂが双方向で通信するということは、当然、①端末Ａから端末Ｂまで到達性があること、②端末Ｂから端末Ａまで到達性があること、この２つが必要といえるでしょう。

まず、ルータＡの設定です（図５－５）。前述の①について、ルータＡが端末Ａから端末Ｂ（172.16.0.2）宛のパケットを受信したときには、そのパケットをルータＢ（192.168.0.1）に転送する必要があります。つまり、宛先が172.16.0.2の場合、転送先として192.168.0.1を指定するわけです。

ここで、経路表では宛先として172.16.0.2という１つのＩＰアドレスではなく、172.16.0/24という集約されたＩＰアドレスブロック（ネッ

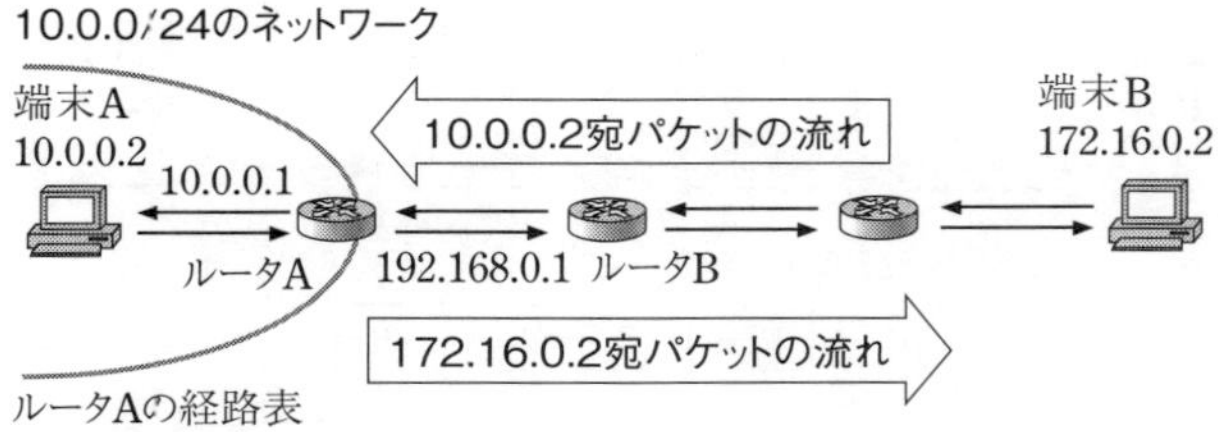

ルータAの経路表

宛先	転送先
10.0.0/24	10.0.0.1
172.16.0/24	192.168.0.1

端末A宛は直接転送（10.0.0.2とルータAは同一ネットワークに接続しているので、転送先は10.0.0.1と表される）

端末B宛はルータBに転送

図5－5　ルータAの設定

トワーク）を指定しています。たとえば、宛先が172.16.0.2である場合と172.16.0.22である場合、すなわち172.16.0/24という同じネットワークにある別の宛先IPアドレスについて、ネットワーク管理者が別々に経路表を設定しなければならないとしたら、とても大変です。そこで、端末を集約した172.16.0/24を経路表に設定するのです。

次に②について、つまり端末Bが端末A（10.0.0.2）宛にパケットを送信した場合を考えます。ルータAはルータBから受け取ったパケットを端末Aに転送する必要があります。端末AとルータAは同一ネットワーク（10.0.0/24）にあるので直接端末Aに送信しますが、このときの転送先は、端末Aが接続しているネットワーク（イーサネット）に送信するという意味で、ルータAのIPアドレス10.0.0.1を指定することになっています。

ルータAの設定が終了したら、次はルータBの設定で

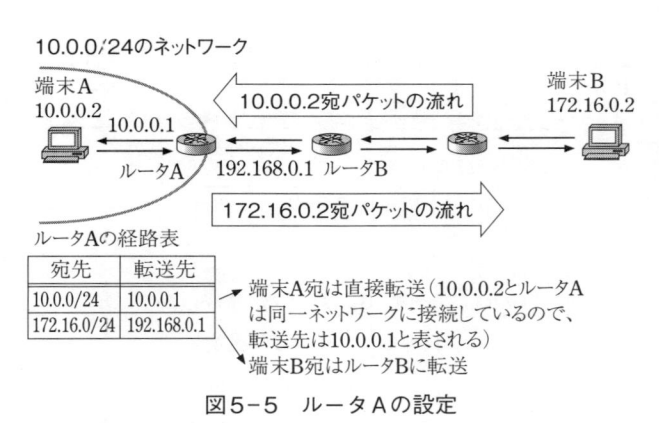

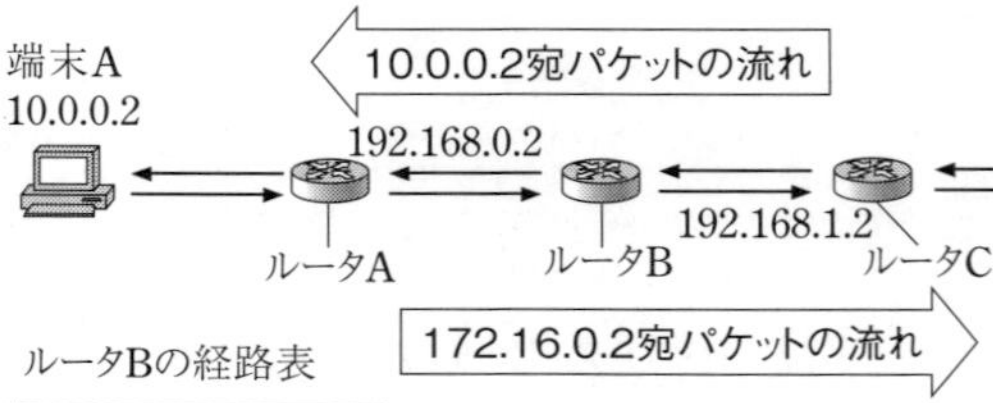

ルータBの経路表

宛先	転送先	
10.0.0/24	192.168.0.2	→端末A宛はルータAに転送
172.16.0/24	192.168.1.2	→端末B宛はルータCに転送

図５－６　ルータＢの設定

す（図５－６）。ルータＢは①について、端末Ｂ（172.16.0.2）宛のパケットはルータＣ（192.168.1.2）に転送、②について端末Ａ（10.0.0.2）宛のパケットはルータＡ（192.168.0.2）に転送します。したがって、ルータＢの経路表には①宛先172.16.0/24、転送先192.168.1.2および②宛先10.0.0/24転送先192.168.0.2の２つの経路を追加します。

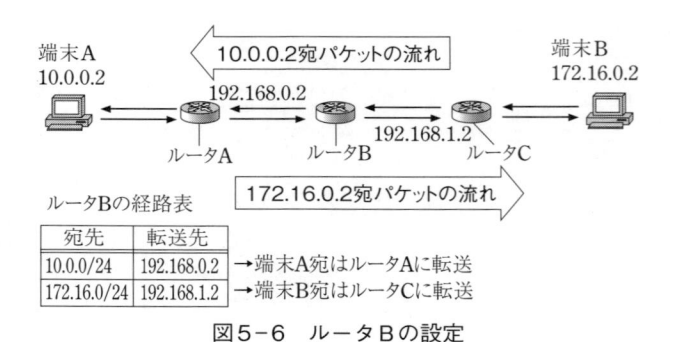

　最後に、ルータＣの設定です（図５－７）。①について、ルータＣは端末Ｂ（172.16.0.2）宛のパケットを受信したときには、同一のネットワーク（172.16.0/24）に接続されている端末Ｂに直接転送しますので転送先として172.16.0.1を指定します。②について、端末Ａ（10.0.0.2）宛のパケットはルータＢ（192.168.1.1）に転送する指定をします。

　以上でルータの設定は終了しましたが、端末にも経路の設定をしないと、どこにパケットを送信していいのかわかりません。しかし、端末ＡはルータＡ、端末ＢはルータＣと、それぞれ１台のルータとしか接続されていません。言い換えれ

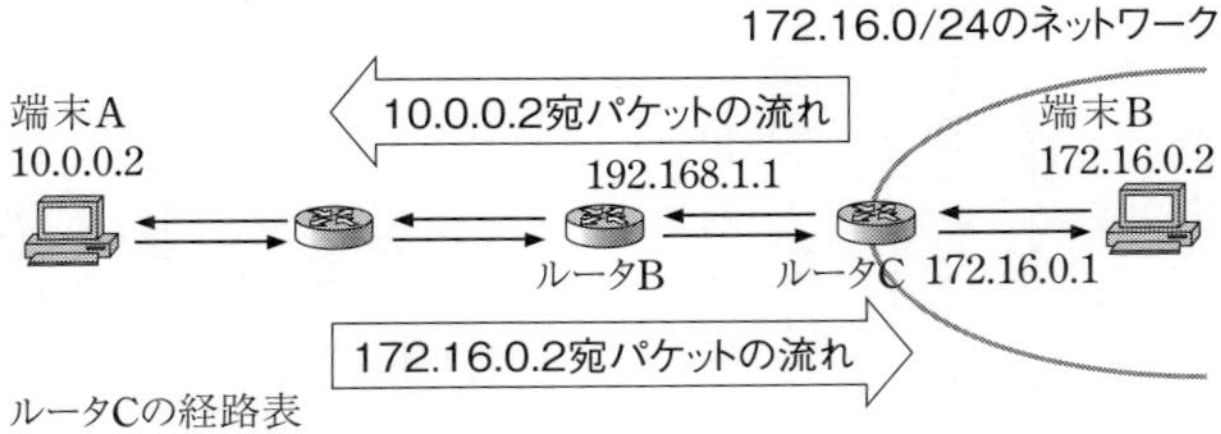

ルータCの経路表

宛先	転送先
10.0.0/24	192.168.1.1
172.16.0/24	172.16.0.1

→端末A宛はルータBに転送

→端末B宛は直接転送（172.16.0.2とルータCは同一ネットワークに接続しているので、転送先は172.16.0.1と表される）

図5-7　ルータＣの設定

ば、１台のルータにすべてを任せておけば、パケットを送信してくれるのです。この意味で、端末はすべての宛先のパケットについて、接続しているルータに転送する設定だけをすればいいのです。このすべての宛先のことをデフォルト経路（0.0.0.0）と呼びます。

　ここまで見てきたように、静的ルーティングでは、端末Ａと端末Ｂとが通信するためには、端末Ａから端末Ｂ、端末Ｂから端末Ａの両方向の経路を各ルータに設定しなければなりません。このようにちゃんと設定しても、たとえばルータＢのＩＰアドレスが変わった場合は、ルータＡ、ルータＣをもう一度設定しなおす必要があります。

　さらには、ルータＡ、Ｂ、Ｃがなんらかの原因でどれか１つでも故障した場合、静的であるがゆえにほかの経路に切り替わることはなく、パケットは到達不能となります。

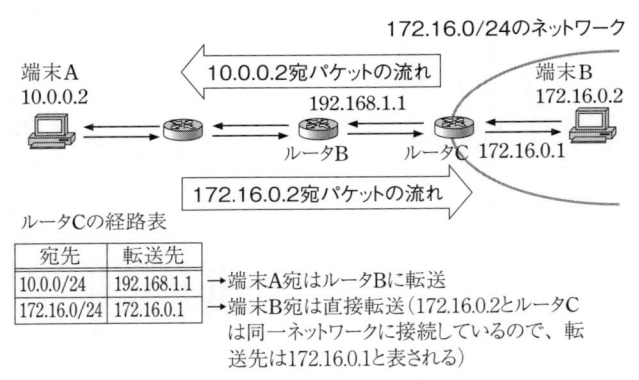

以上の点において静的ルーティングは、ルーティングの本来の役割である障害への透過性を提供していません。したがって、障害が起こらないゆえに状態が変化しないと推定できる小規模なネットワーク以外では利用されていません。

動的ルーティングへの要求

インターネットは、複数のネットワークをまたいで構成されています。したがって、限られた電話会社のネットワークで完結する電話のネットワークと違い、ネットワーク間のトラブル、たとえばルータのダウン、回線の切断など多くの障害が発生せざるを得ません。

しかしながら、静的ルーティングでは障害が発生しても次の転送先にパケットを転送し続けるので結果的に到達性は失われます。そこで、回線の切断など障害が発生した場合に、自動的に経路を変更する方式＝動的（ダイナミック）ルーティングが求められます。

ここでの問題は、どうやって自動的に障害を検出し、復旧させるかという点です。何かしらの障害が起きた場合、これまで利用していた経路を別の経路に切り替える必要がありますが、宛先まで経路が1つしかない場合、経路の切り替えができません。したがって、同一の宛先に対する複数の経路を保持し、そのうえで、その複数の経路の中から何らかの判断で最適な経路を選択する必要があります。

第2章でパケット通信を実現するためには冗長性が必要であることを述べましたが、複数の経路を保持することは、冗長性の考え方そのものです。ある宛先に対して1つの経路に障害が発生しても、複数の経路を保有していれば、他の経路に切り替えることによって障害に対する透過性を提供できます。

たとえば、鉄道網においては第2章で述べたように新宿から東京まで複数の経路がありますが、インターネットの経路も常に1つであるとは限りません。その複数の経路の中から、①どれを「最適な」経路として選択するか、そして、②その最適な経路が何かしらの理由で利用できなかった場合、どのように他の経路に切り替えるのか、が重要になってきます。

このポイントについてもう少し整理していきましょう。①の最適な経路選択については、東京―新宿間を鉄道で移動するとしても、たとえば、時間優先、料金優先など様々な選択肢があります。ルータでの経路選択も同様であり複数の選択肢のなかから、何をもって最適と判断するのかという点が重要になってきます。②については、最適経路を利用できないことを把握すること、つまり障害の検出が必要になってきます。そして、障害を検出するためには、常に隣接しているルータを発見・把握し、障害を検出したら、近隣ルータ（同一ネットワーク内のルータ）に別の経路を知らせる必要があります。

ここまでの話をまとめると、動的ルーティングを行うためには、近隣ルータを発見し、経路情報を交換すること、１つの宛先に対する複数経路の中から最適な経路を発見すること、障害を検出しその復旧をすること、この３つが必要な要素であるといえるでしょう。

動的ルーティングを実際に行うために必要なのが、これらの３つの要素を定義した動的ルーティングプロトコル（経路決定の約束ごと）です。これからＲＩＰ、ＯＳＰＦ、ＢＧＰという代表的な動的ルーティングプロトコルを取り上げ、どのように右で述べた３つの要素を実現しているか、見ていくことにします。

ＲＩＰ——ディスタンスベクター型ルーティングプロトコル

ＲＩＰ（Routing Information Protocol）は、動的に経路を切り替える方式を模索したなかで誕生した、もっともシンプルなルーティングプロトコルです。ＲＩＰは、ディスタンスベクター型ルーティングプロトコルと定義されています。「ディスタンスベクター」とは経路選択の方法を示しています。ディスタンスは距離、ベクターはベクトル（方向）、つまり宛先までの距離（ルータ経由数）で最適な経路を判断します。ＲＩＰでは、距離の短い経路を最適とします。

（１）近隣ルータの発見

動的ルーティングプロトコルの「動的」は自動的という意味で用いられます。同じネットワーク内でどのルータとＲＩＰで経路情報を交換するかについても動的に決定する必要があります。

これを実現するために、ＲＩＰではマルチキャストという通信方法を用いて、近隣ルータを発見します。

通常、端末間のコミュニケーションは一対一ですが、マルチキャストではＩＰアドレスグループ（ネットワーク）を定義し、端末がそこに加入することによって、「一対多」の通信を実現しています。ＲＩＰの場合、ＲＩＰルータがある特定のＩＰアドレス（ＲＩＰでは、224.0.0.9）に登録しておくと、そのＩＰアドレスにパケットを送信したとき、ネットワークに登録しているルータすべてにパケットが到達するしくみです。

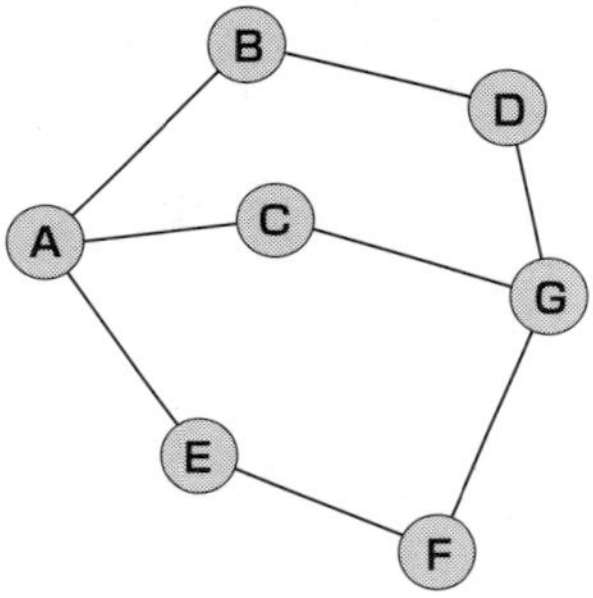

図5−8　RIPネットワーク

つまり、ＲＩＰルータは定期的にマルチキャストアドレスにパケットを送信することによって現在ネットワークにはどれだけＲＩＰルータが存在しているのかを把握し、これによって近隣ルータを発見します。

（2）経路選択の方法

ＲＩＰは距離の短い経路を選択するわけですが、どのようにその選択を行うのか、図5－8のネットワークで見てみましょう。

このネットワークは、ルータＡからルータＧまでの7台の

	A	B	C	D	E	F	G
A	0	1	1	∞	1	∞	∞
B	1	0	∞	1	∞	∞	∞
C	1	∞	0	∞	∞	∞	1
D	∞	1	∞	0	∞	∞	1
E	1	∞	∞	∞	0	1	∞
F	∞	∞	∞	∞	1	0	1
G	∞	∞	1	1	∞	1	0

図5－9　最初のアップデート

ルータから成り立ち、それぞれ経路情報を交換しています。

RIPでは、ルータが30秒ごとに、自身が持っているすべての経路情報を直接接続している近隣ルータ（隣接ルータ）に伝えます（＝アップデート）。図5－9は、最初のアップデートの状況を示しています。表の数字は、ルータ間の距離です。たとえば、AとAとの距離は0、AとBとは隣接同士なので距離は1です。AとDとは隣接同士ではないので、どれくらい離れているのかわかりません。よってAとDとの距離は無限を示す∞とします。同様にして、AからGまでのすべてのルータについての到達距離が示されています。この距離をメトリックと呼びます。

一度だけのアップデートでは、自分の隣接ルータの情報しか受信できません。最初のアップデートから30秒後に2回目のアップデートを隣接ルータから受信します。つまりルータAは、ルータB、C、EからルータD、G、Fへ、それぞれメトリック1の経路があるという情報を得るわけです。

図5－10は、2回目のアップデート時における、ルータAからほ

かのルータへの距離を示しています。最初のアップデートでは隣接ルータでないために到達できなかったルータDについてはルータB経由、ルータGについてはルータC経由、ルータFについてはルータE経由とそれぞれメトリック2で到達できるようになります。

3回目のアップデート時には、ルータAは、ルータGへの経路についてルータBとルータEの2つのルータからそれぞれメトリック3（A↓B↓D↓G、A↓E↓F↓G）のアップデートを受信します。

しかし、RIPの原則は宛先まで最も短い距離を優先することであり、いちばん小さいメトリックはメトリック2のA↓C↓Gになります。よって、ルータBとルータEのアップデートを受け取っても、ルータAの経路に変更はありません。G以外への経路についても同様です。このようにすべてのルータにおいて状態が変化しないことを、収束と呼びます。図5-11はこの

	A
A	0
B	1
C	1
D	2
E	1
F	2
G	2

図5-10　2回目のアップデート

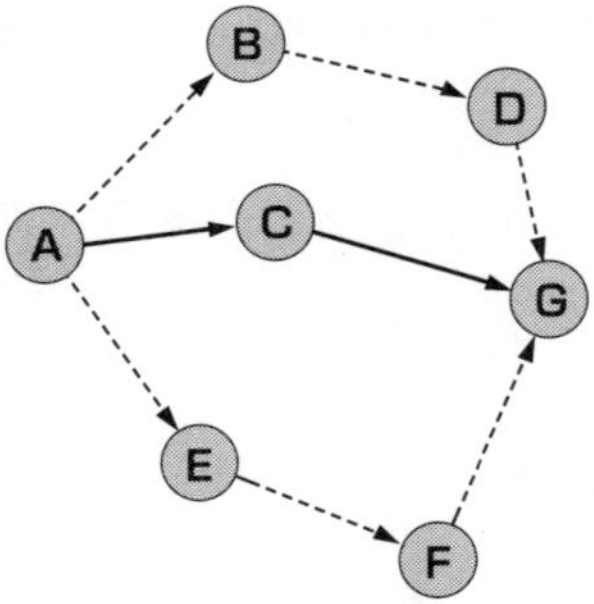

図5-11　RIPの収束

収束状態を示しています。

（３）ＲＩＰの障害検出とその復旧

図５－12に示すように、ＡからＧへの最短経路であるＡ－Ｃ－Ｇ間のリンクＣ－Ｇがなんらかの原因でダウンした場合を考えましょう。

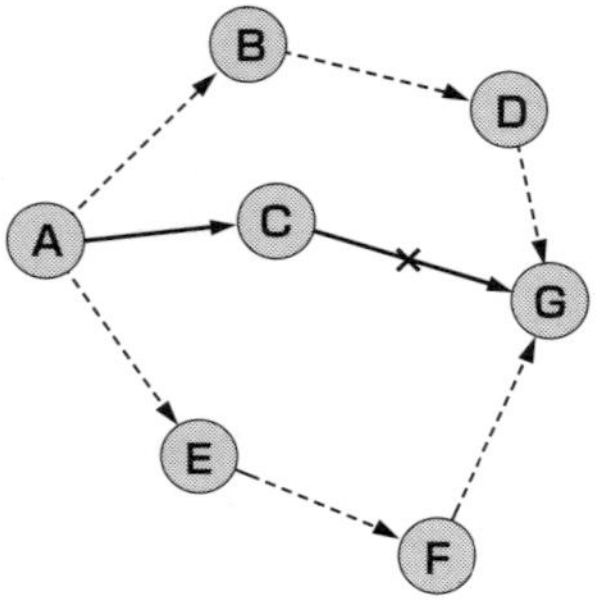

図5－12　最短経路が切断された場合

先述したように、静的ルーティングではダウンしたままですが、ＲＩＰの場合は、１８０秒間何も更新がない場合は期限切れとみなして、到達性がないもの（∞）とします。すなわち、図５－13左のようにＡ－Ｇ間のメトリックは∞となります。

しかしながら、Ａ－Ｇ間の経路はＡ－Ｃ－Ｇだけではありません。ルータＢ経由（Ａ→Ｂ→Ｄ→Ｇ）、ルータＥ経由（Ａ→Ｅ→Ｆ→Ｇ）の２つの経路も存在します。ＲＩＰは30秒ごとにアップデートしますから、Ａ－Ｇ間のリンクが切断されてから、最大30秒アップデートを受信しない

	A
A	0
B	1
C	1
D	2
E	1
F	2
G	∞

→

	A
A	0
B	1
C	1
D	2
E	1
F	2
G	3

図5－13　左:A－Gのリンク切断
右:A－Gが別のパスによって復旧

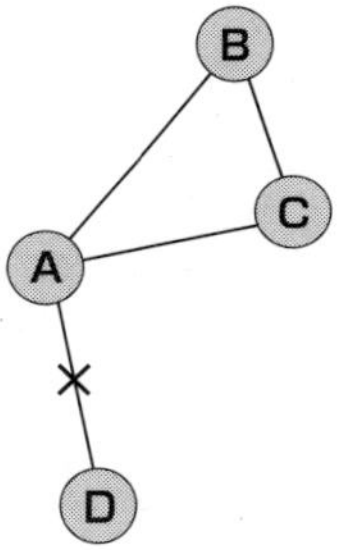

	A	B	C	D
A	0	1	1	1
B	1	0	1	2
C	1	1	0	2
D	1	2	2	0

図5−14　リンクが切断されると?

のでGに対しては∞となります。その一方で30秒以内にルータBあるいはルータEからのアップデートが来れば、ルータAはそれを受け取り、図5−13右のようにメトリック3として再び到達性が回復します。これがRIPによる障害に対する透過性の提供です。

なお、ルータAの次の転送先がルータBになるかルータEになるかは、どちらが先にその経路をアップデートするかに依存します。

RIPによるループ

ところで、つねにRIPがうまく動作するとはかぎりません。図5−14は、RIPによるループの可能性を示しています。

あるネットワークにおいて、4台のルータがRIPで経路情報を交換しています。ルータDとルータBおよびルータCのメトリックは2で、それ以外は、すべてメトリック1の距離で

	A	B	C	D
A	0	1	1	∞
B	1	0	1	2
C	1	1	0	2
D	∞	2	2	0

↓

	A	B	C	D
A	0	1	1	3
B	1	0	1	2
C	1	1	0	2
D	3	2	2	0

図5－15　RIPのループ

す。この状態で収束していますが、なんらかの原因で、A－D間のリンクが切断されたとしましょう。

このとき、A－D間のリンクを切断するので自然とルータAにおけるルータDのアップデートが期限切れになります。A－D間が期限切れになれば、当然A－D間のメトリックは∞になります（図5－15上）。さらに、AがB、CにDへのメトリック∞をアップデートする前に、BがDへのメトリック2をAにアップデートした場合どうなるでしょうか。

Aはメトリック3でDへの到達性があると判断し、A－Dをメトリック3とみなしてBからのアップデートの内容をCにアップデートします（図5－15下）。そして、CはAからのアップデートの内容をBにアップデート、さらにBはAにアップデート……と無限に続きます。しかし、A－D間は切断されているわけですから、到達性がなくなるループに陥ってしまうわけです。RIPの場合、ネットワークの最大メトリック（∞）を15と定義しているので、15になるまでこの状態が続きます。

このループの原因は、（1）ルータがアップデートまでに最大30秒待たなくてはならないこと、（2）待っている間に別のルータからアップデートを受け取る可能性が生じ、その場合、本来、期限切れになるはずの経路が消去されない、の2点です。

ＲＩＰでは、（1）の問題に対応するために、ネットワーク状態が変化した場合にすぐにアップデートを実施する、（2）の問題に対応するために、一度アップデートを送信してきたルータからはアップデートを受信しない、という対策を講じています。

ディスタンスベクター方式からリンクステート方式へ

ＲＩＰは、ループを防ぐための対応策を施しましたが、結果として、小規模ネットワークでは引き続き利用されているものの、大規模ネットワークではほとんど利用されなくなりました。

そのいちばん大きな理由は、動的ルーティングプロトコルに要求される（1）近隣ルータ発見、（2）経路選択の方法、（3）障害検出とその復旧、のうち（3）において、障害が発生してから状態が安定（収束）するまでの時間が長いことだといえるでしょう。

ＲＩＰの収束が遅い原因は、そのアップデート方式にあります。ＲＩＰでは、図5-16のように、ルータＡが経路情報をルータＢに伝え、ルータＢは受け取った経路情報をルータＣに伝える、というように徐々に経路情報をアップデートする方法をとっています。これを、ホップ・バ

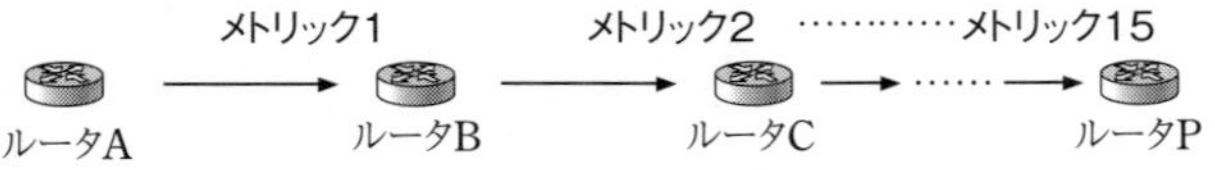

図5-16　ホップ・バイ・ホップアップデート

イ・ホップアップデートといいます。

そして、前述したようにRIPの最大メトリックは15です。RIPの更新間隔は標準で30秒であり、ルータAの情報がホップ・バイ・ホップアップデートによってメトリック15の位置にあるルータPに伝わるまでにかかる時間は、最長で30×15＝450秒＝7・5分にもなります。ホップ・バイ・ホップアップデートが収束を遅くしているということがわかるでしょう。

仮に、各ルータがすべてのネットワークをつなぐルータ間の接続情報（これをトポロジーマップと呼びます）を把握していれば、インターネットの地図を持っているようなものなので、ホップ・バイ・ホップ方式を採用する必要はありません。ルータがすべてのトポロジーマップを把握する方式が、リンクステート方式です（図5-17）。「リンクステート」とは、文字どおりリンク（ルータとルータとの接続）のステート（状態）という意味です。

たとえてみれば、リンクステート方式はパズルに似ています。ピースをすべて集めるとパズルが完成するように、すべてのルータが接続情報を集めてトポロジーマップを完成させ、共有するわけです。それにより、短い距離の最適経路を早く選択できるようになるのです。

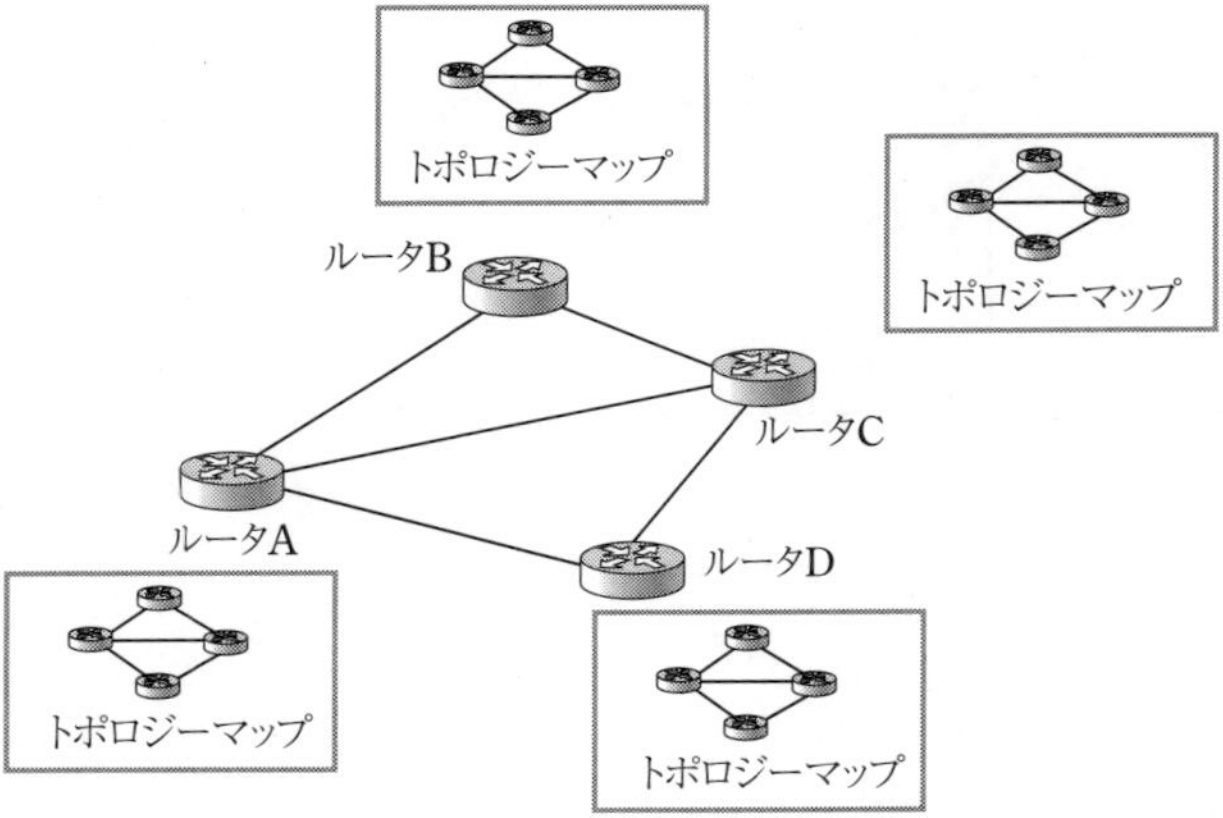

図5-17 リンクステート方式

リンクステート方式とフラッディング

リンクステート方式において、すべてのルータが同じトポロジーマップを保持するためには、各ルータが持っている断片的なルータ間の接続情報（ピース）を集めて、パズルを完成させなければなりません。したがって、なんらかの手段でルータ同士が接続情報を交換する必要があります。

具体的には、隣接ルータがお互いに接続情報を交換して、最終的にはネットワーク内のすべての接続情報を共有できるようにするのです。そのための機能をflooding（フラッディング）と呼びます。

まず、ルータＡが接続情報を隣接ルータであるルータＢ、ルータＤに送信します（図5-18）。これをＬＳＵ（Link State Update）と呼びま

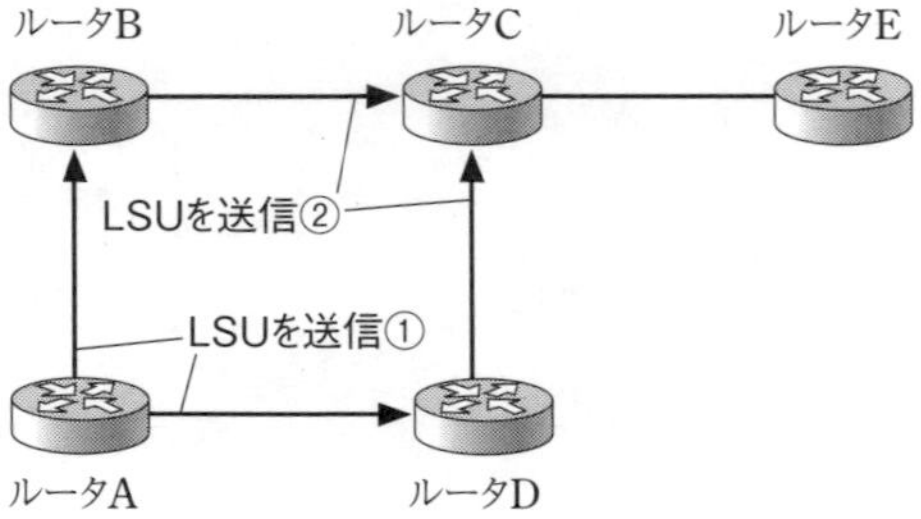

図5-18　フラッディング

す。ＬＳＵはＲＩＰのアップデートに相当します。ルータＢ、ＤはルータＡからのＬＳＵを受信してトポロジーマップを構築します。

　トポロジーマップ構築にあたっては、同じ接続情報を別々のルータから受信する可能性があります。その場合どちらのルータの情報を優先するか決定しなくてはなりません。その決定プロセスは以下のとおりです。（1）ＬＳＵに含まれている通し番号（ルータがＬＳＵを生成するときに発行する連番）が大きいもの、つまり、新しく発行されたＬＳＵを優先します。もしそれが同じ場合は、（2）LS age（接続情報が生成されてから経過した秒数）の新しいＬＳＵを採用します。

　つづいて、ルータＢ、ルータＤは、ＬＳＵの送信元以外のルータ、この場合はルータＣにＬＳＵを送信します。ルータＣは、ルータＢ、ＤからそれぞれＬＳＵを受信したら、前述の方法にしたがって採用するＬＳＵを決め、そのＬＳＵをルータＥに送信します。接続状態が変化したらすぐＬＳＵを隣接ルータ

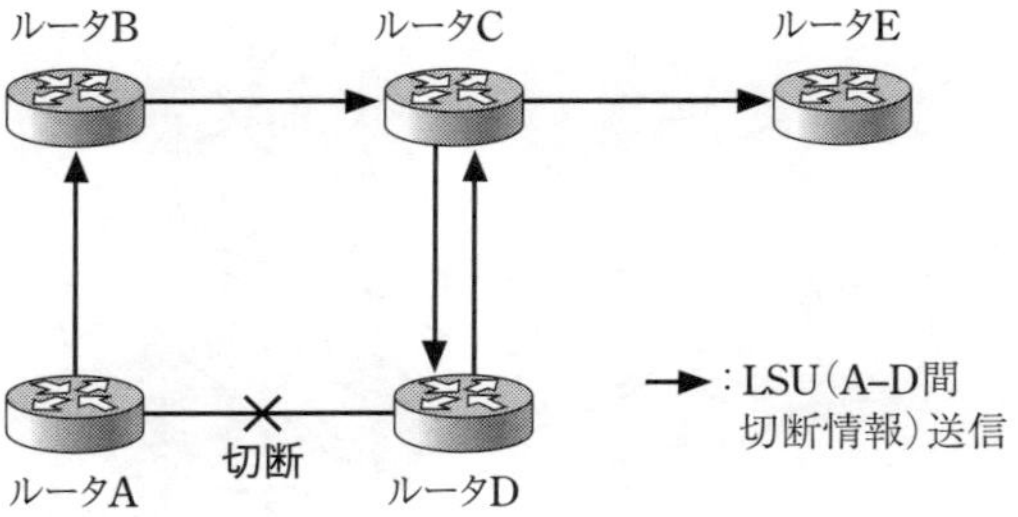

図5－19　リンクが切断された場合のフラッディング

に送信します。

ここで、たとえば、ルータAとルータDのリンクが切断された場合、ルータAがLSUを送信しても、ルータDには届きません。ゆえに、それぞれのルータは標準で30秒に一度定期的に接続を確認して、有効期限が切れたら、ルータ間の接続が切断されたと判断して、LSUを隣接ルータに送信します（図5－19）。

なお、近隣ルータの発見には、RIPで説明したマルチキャストを利用します（この場合のマルチキャストアドレスは224.0.0.5）。

ダイクストラのアルゴリズム

さて、これでネットワーク内の接続情報から構成されるデータベースの共有ができました。しかし、データベースを共有しただけではルーティングはできません。ルーティングの役割は、障害に対する透過性を提供することであり、そのためには

図5−20　根からたどれば必ず一本道

宛先への最適なパスを計算する必要があります。そこで登場するのが経路計算です。

考案したオランダ人数学者エドガー・ダイクストラ（Edsger Dijkstra：１９３０〜２００２）の名前をとって、ダイクストラのアルゴリズムあるいはＳＰＦ（Shortest Path First：最短経路計算法）と呼ばれる方法が使われています。

ダイクストラのアルゴリズムは、一言でいえば、図5‐20のような、送信元を根（ルート）にした「木」を作ることです。木には枝があって、葉があって、入りくんでいるように見えますが、根からたどれば必ず一本道でどこにでもたどり着けます。

ダイクストラのアルゴリズムも、送信元ルータをルートにして、複数あるパス（経路）のなかから、「最適なパス」を選択するアルゴリズムとい

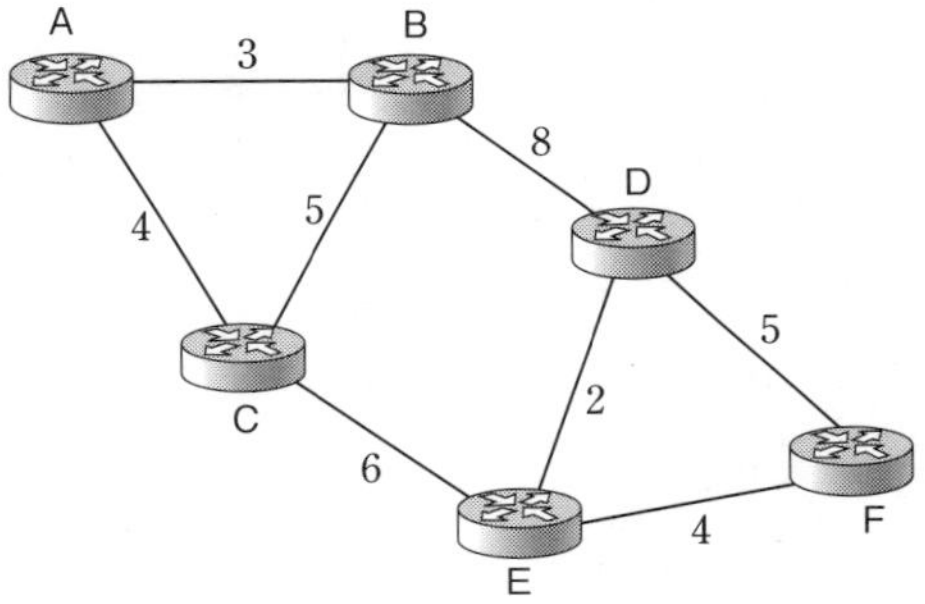

図５－21　最短経路計算のネットワーク

うことができます。ＲＩＰの場合、「最適なパス」は、メトリック（距離）が少ないパスを意味しましたが、ダイクストラのアルゴリズムでは、距離の代わりに、各リンクにつけた「重み」によって最適なパスを判断します。この重みを「コスト」と呼びます。コストは、ネットワーク管理者が優先度にあわせて設定します。

たとえば、あるルータに64kbpsの電話線と100Mbpsのイーサネットが接続していたとします。ふだんは100Mbpsのイーサネットを利用して、臨時の場合、64kbpsを使うとします。この場合、100Mbpsのリンクに低いコスト（最小は１）をつけて優先度を高くし、64kbpsの電話線にそれより高いコストをつけて優先度を下げます。

具体的に見ていきましょう。図５－21のように、６台のルータから構成されるネットワークを仮定し、ルータＡからルータＦへの最適経路を計算する場合を考えます。

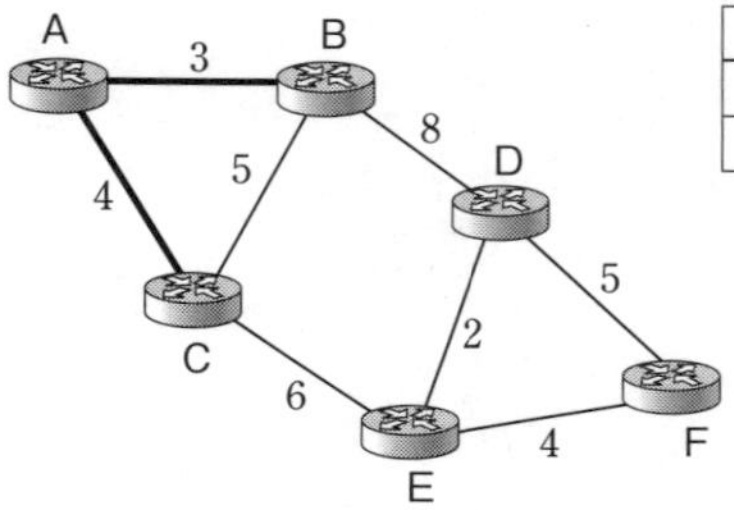

リンク	コスト
A-B	3
A-C	4

図5－22　最短経路計算(1)

（計算ステップ１）

最初のステップでは、ルータＡとその隣接ルータとの経路を考えます（図５－22）。ここで、Ａ－Ｂ間のコストは３、Ａ－Ｃ間のコストは４です。ダイクストラのアルゴリズムでは、もっともコストが低い経路を採用しますので、この時点での最適経路はＡ－Ｂと判断されます。

（計算ステップ２）

次のステップでは、ルータＡの隣接ルータの接続情報についても考えます（図５－23）。この場合、計算対象はルータＢ、ルータＣです。順序は問いませんが、ここでは、まずルータＢを計算対象としましょう。ルータＢにはＢ－Ｄ、Ｂ－Ｃという接続が存在します。計算するのはルータＡからの経路なので、これらはそれぞれＡ－Ｂ－Ｄ、Ａ－Ｂ－Ｃという経路になります。

ここで、Ａ－Ｂ－Ｄ、Ａ－Ｂ－Ｃのコストはそれぞれ Ａ－ＢとＢ－Ｄ、Ａ－ＢとＢ－Ｃのコストを足した値、すなわちＡ－Ｂ－Ｄ＝３＋８＝11、Ａ－Ｂ－Ｃ＝３＋５＝８となります。そして、

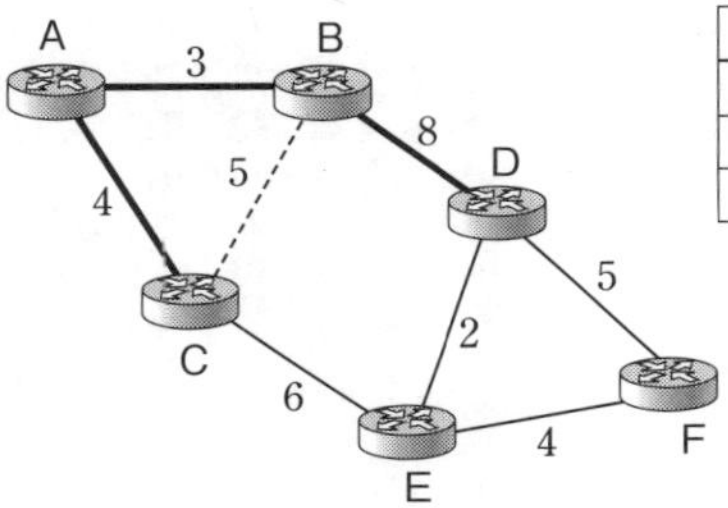

リンク	コスト
A-B-D	11
A-B-C	~~8~~
A-C	4

図5−23 最短経路計算(2)

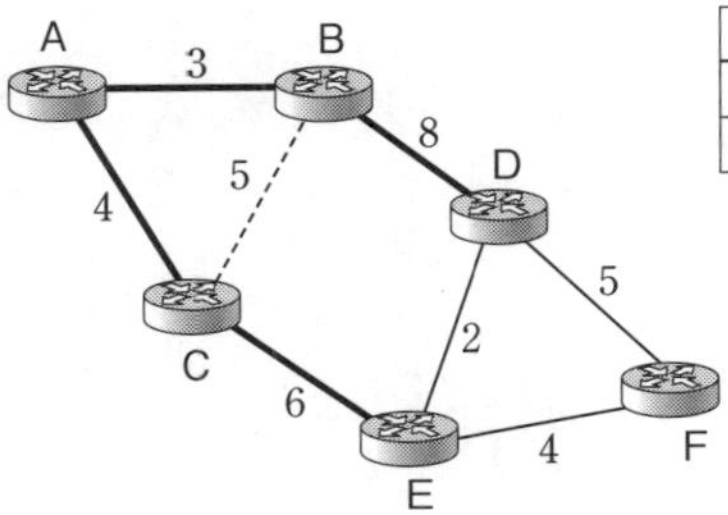

リンク	コスト
A-B-D	11
A-C-E	10

図5−24 最短経路計算(3)

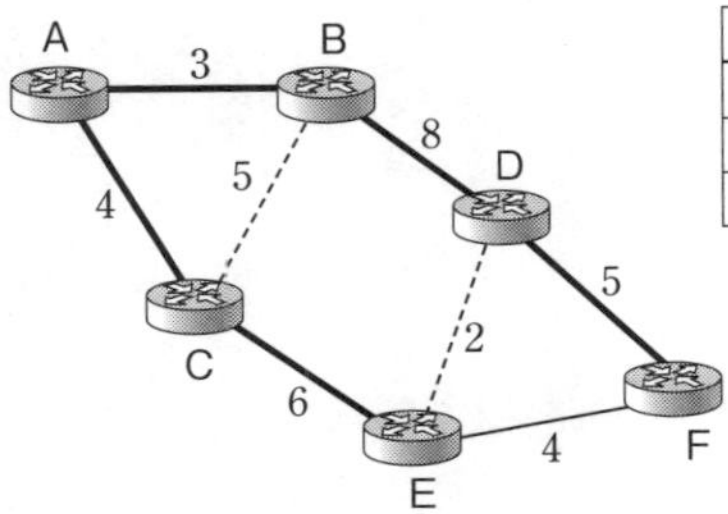

リンク	コスト
A-B-D-E	~~13~~
A-C-E	10
A-B-D-F	16

図5−25 最短経路計算(4)

Ａ－Ｂ－Ｄ（コスト11）、Ａ－Ｂ－Ｃ（コスト8）、そしてステップ1で残っていたＡ－Ｃ（コスト4）の3つの経路のなかから、もっともコストの低い経路、Ａ－Ｃを最適経路とします。

この場合、ルータＣへは、Ａ－ＣおよびＡ－Ｂ－Ｃの2通りの経路があります。しかし、Ａ－Ｃのほうが低いコストであるのは明らかなので、Ａ－Ｂ－Ｃという経路は削除します。

（計算ステップ3）

次にルータＣも計算対象とし、ステップ2と同様に計算します（図5－24）。ルータＣにはＣ－Ｅという接続がありますので、Ａ－Ｃ－Ｅ（コスト10）という経路が生成されます。ステップ2で残ったＡ－Ｂ－Ｄ（コスト11）との2つから、コストの低いＡ－Ｃ－Ｅを最適経路とします。

なお、ルータＣにはＣ－Ｂという接続もありますが、これはステップ2ですでに削除されています。

（計算ステップ4）

次はＤも計算対象とします。Ｄの接続はＤ－Ｅ、Ｄ－Ｆがあります（図5－25）。ステップ3の時点で残っているＡ－Ｃ－Ｅ（コスト10）と、Ａ－Ｂ－Ｄ－Ｅ（コスト13）、Ａ－Ｂ－Ｄ－Ｆ（コスト16）の3つのなかから最適経路を選択します。ここでは、Ａ－Ｃ－Ｅがもっともコストが低いので、最適経路となります。そして、ルータＥへのもう1つの経路であるＡ－Ｂ－Ｄ－Ｅ

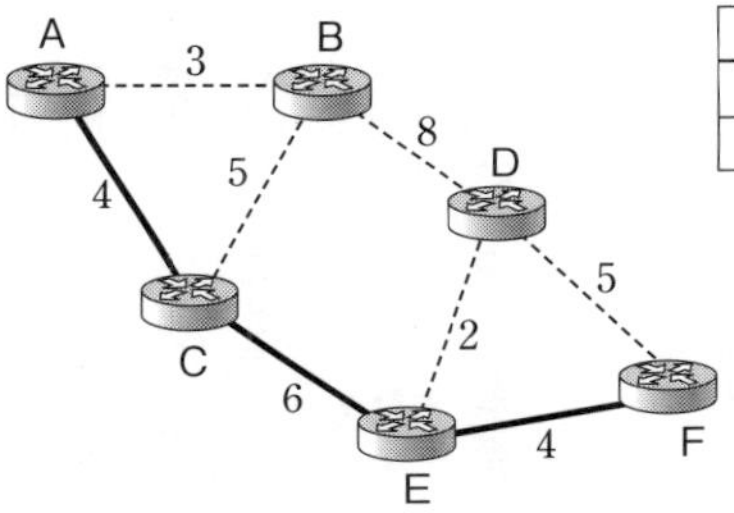

リンク	コスト
A-C-E-F	14
A-B-D-F	~~16~~

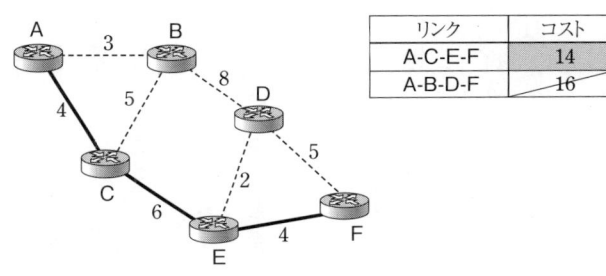

図5－26　最短経路計算(5)

は削除されます。

(計算ステップ5)

最後にEのリンクも計算対象とすると、最終的にA－C－E－FとA－B－D－Fの2つの経路が存在することになります（図5－26)。この場合、コストの低いA－C－E－Fが最適経路として決定され、A－B－D－Fが削除されます。これによって、Aからの最適経路が完成します。この例の場合、B－D間のコストが8とほかにくらべて比較的高いので、Aからのほとんどの経路はC経由になっていたことがわかるでしょう。

以上をまとめると、リンクステート方式の要諦は、(1)フラッディングによるトポロジーマップの作成、(2)トポロジーマップから最適経路を計算するダイクストラのアルゴリズムということになります。この2つの要素を規定したルーティングプロトコルをOSPF(Open Shortest Path First)と呼び、幅広く利用されています。

OSPFは万能か？

ルーティングの役割は障害に対する透過性を提供することであり、そのためには（1）近隣ルータの発見、（2）経路選択の方法、（3）障害検出とその復旧、この3つが必要であることは述べました。ここで、RIP（ディスタンスベクター方式）とOSPF（リンクステート方式）について、この視点から比較してみましょう。

（1）近隣ルータの発見については、RIPもOSPFもマルチキャストによって同一ネットワークにいるルータを探し出しますので、基本的には同じしくみであるといえます。

（2）経路選択の方法ですが、RIPの場合、メトリック（距離）が短いことを優先する一方、OSPFでは各接続に設定されたコストをもとに最適経路を計算する方式を採用しています。つまり、前者は距離のみで選択しているのに対し、後者ではコストという概念を加えて経路選択を実現しているのです。

（3）障害検出については、RIPでは、30秒経過してアップデートがないようであれば障害（＝到達不能）とみなし、メトリックを∞にする一方、OSPFではルータ間で30秒に一度定期的に接続確認をしながら、相手のルータからの反応がない場合は、LSUを送信することによってトポロジーマップを変更します。

障害検出後の復旧、すなわちネットワークの収束についてはどうでしょうか。OSPFではすべてのルータの接続情報が記載されたトポロジーマップから最適経路を計算します。トポロジーマップはフラッディングによってアップデートされるわけですが、それがきちんと機能すれば早い収束が可能といえます。一方、ＲＩＰではルータ経由ですべての経路情報を更新するため収束は遅くなりがちです。

現在は、収束が早いという点から、ＯＳＰＦのほうが幅広く利用されています。ただし、すべてのインターネットのルーティングをＯＳＰＦによるリンクステート方式にするのはきわめて困難で、現実的とはいえません。なぜなら、世界中のインターネット上のすべてのトポロジーマップを共有するとなると、トポロジーマップがきわめて大きくなってルータの使用メモリを大幅に超えること、および、どこかのネットワークの接続状態が変わるたびにアップデートするためにアップデートがあまりにも頻繁になることが想定されるからです。

実際、ＯＳＰＦはＩＳＰ（インターネットプロバイダ）内部や企業内部ネットワークでは用いられていますが、ＩＳＰ同士を接続するという目的では利用されていません。

ドメイン間ルーティング

ＯＳＰＦには限界があることがわかりましたが、では、どうしたら世界中のネットワークを接続することができるでしょうか。この問題へのアプローチとして、ゲートウェイの概念を思い出

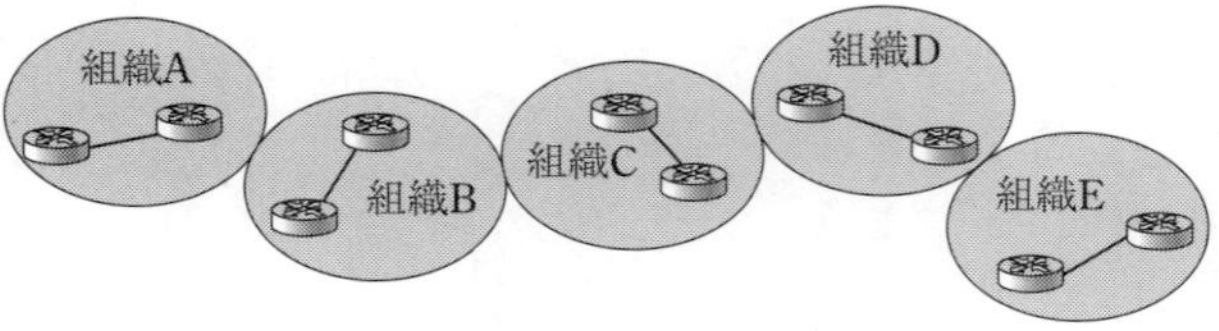

図5－27　組織情報の交換

してください。あるネットワークとネットワークを接続するためにはゲートウェイ（仲介役）の存在が不可欠でした。ＯＳＰＦやＲＩＰは、ＩＰアドレスで表されたルータ間の接続情報を交換しましたが、ここでは、ゲートウェイによって、いくつかのネットワークを含む「組織」間の接続情報を交換することを考えるのです。

図５－27では組織Ａ～Ｅがあり、いずれも組織内部でＯＳＰＦなどを利用してネットワークを運用しています。その組織同士が、接続情報を交換するのです。たとえば組織Ｂは組織Ａに「組織Ｂ－組織Ｃ」の接続情報を、組織Ｃには「組織Ａ－組織Ｂ」の接続情報を伝えます。つまり、組織がゲートウェイの機能も担っているのです。これらの組織のことをドメインといいます。

これまで説明してきたＲＩＰやＯＳＰＦは、ＩＳＰや企業など、組織の内部で運用されているという意味で、ドメイン内ルーティングと定義されています。一方、これから説明するＢＧＰ（Border Gateway Protocol）は、ＩＳＰと別のＩＳＰ、企業と別の企業というように、組織（ドメイン）間で情報がやりとりされているので、ドメイン間ルーティングと呼ば

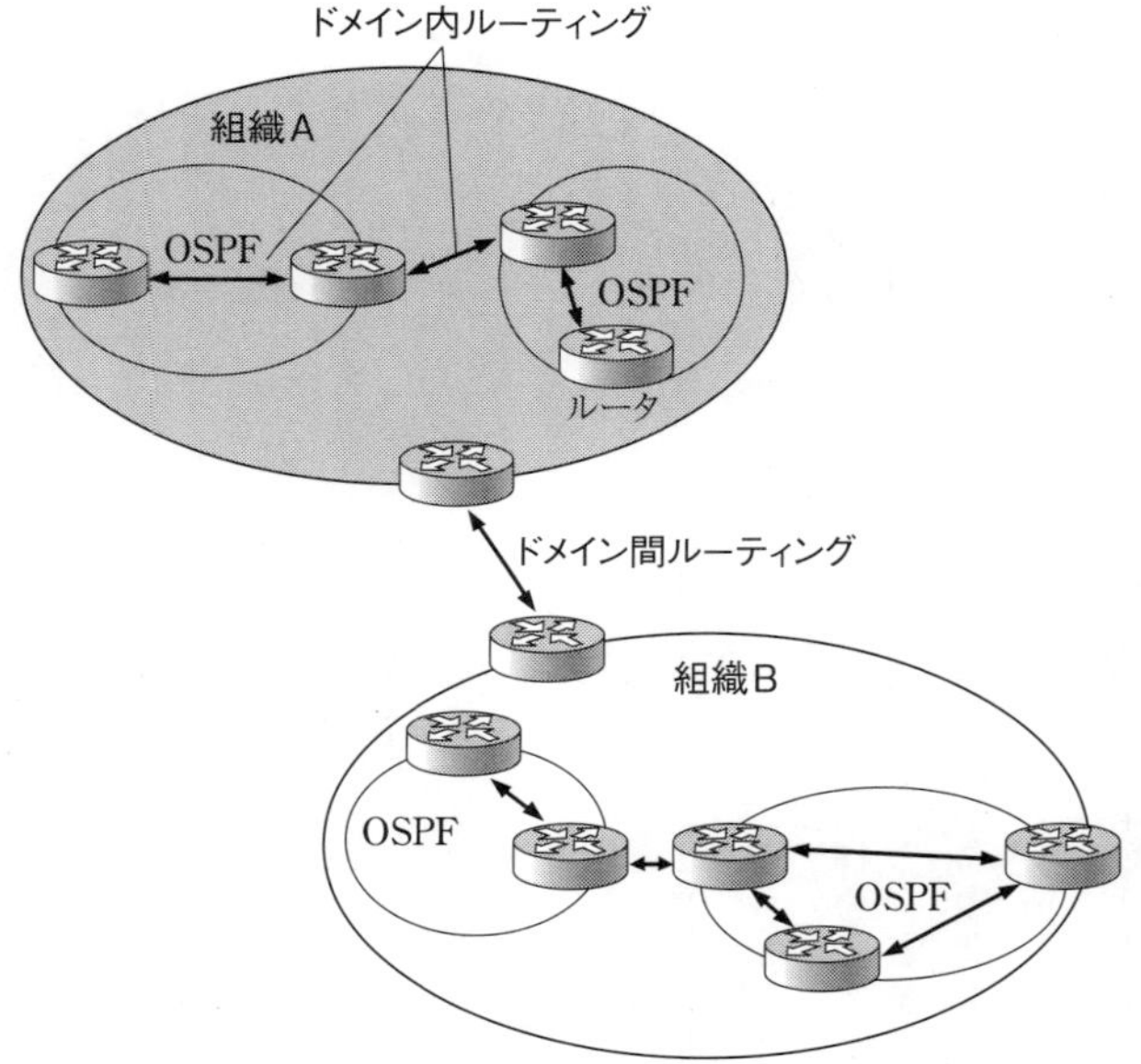

図5－28　ドメイン内ルーティングとドメイン間ルーティング

れています（図5－28）。インターネットは、ドメイン間ルーティングで運用されているのです。

第3章でメールが届くまでの道筋について述べましたが（69ページ図3－7）、送信したメールが契約しているプロバイダのメールサーバに届き、そこからルータに転送されるまでがドメイン内ルーティングです。そのルータから、別のプロバイダ内の宛先メールサーバと接続しているルータに転送される部分はドメイン間ルーティングとなります。

ドメイン間ルーティングでも、接続情報交換や経路制御のしくみ

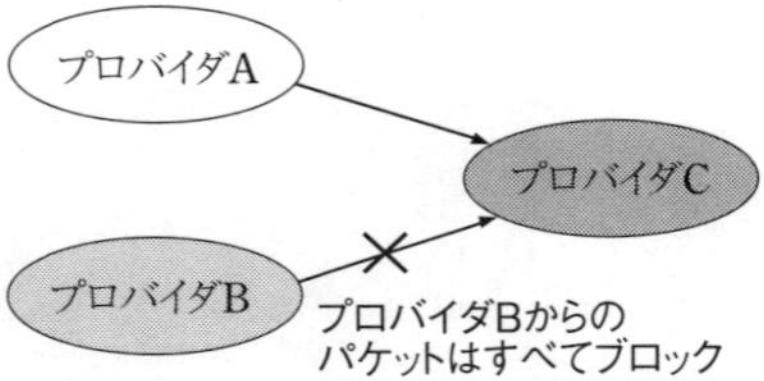

図5-29　ドメイン間ルーティングでのポリシー

はドメイン内ルーティングと基本的に同じですが、約束事であるプロトコルは違います。これから、ドメイン間ルーティングの考え方について見ていきましょう。

ドメイン間ルーティングで交換されるドメインの接続情報を、ポリシーと呼んでいます。図5-29のように、プロバイダAとプロバイダBがプロバイダCに接続されているとします。プロバイダAは、トラフィックの量に応じてプロバイダCに代金を支払う契約を結んでいます。よって、プロバイダCはプロバイダAからのパケットは通過させます。

しかし、プロバイダBはプロバイダCとは契約していません。よって、プロバイダCはプロバイダB経由のパケットはすべて通さないようにします。これが典型的なドメイン間ルーティングのポリシーです。

これまで説明してきたように、ネットワークとネットワークを接続するゲートウェイがパケットの転送先を決定するためには、なんらかの識別子が必要です。ドメイン間ルーティングもその例外ではありません。ドメイン間ルーティングでは、ドメインをAS（Autonomous System：自律システム）という単位に区切り、IPアドレスと同様に番号（AS番号）を割り当てます。

ＡＳ番号はドメインごとに１つ割り振られます。したがって、同じドメインのＡＳはすべて同じ番号を持つことになります。ＩＰアドレスの場合、32ビットで有効範囲は0.0.0.0〜255.255.255.255でしたが、ＡＳ番号は、16ビットで有効範囲は、０〜６５５３５です。ＡＳ番号は、ＩＰアドレスのように8ビット区切りにはしません。

たとえば、あるプロバイダに「７」というＡＳ番号をつけておけば、そのプロバイダのネットワークが大阪にあっても東京にあっても、「７」というＡＳ番号でどのプロバイダであるか判断することができます。このＡＳ番号を利用してポリシーを交換するルーティングプロトコルがＢＧＰです。

コラム 13 トランジットの現状

ある地方のケーブルテレビ局がインターネット接続サービスを提供しているとします。私たちがインターネットを利用する場合、国内のウェブサイトだけではなく、たとえばアメリカのウェブサイトにアクセスするということが多々あります。地方のケーブルテレビ局からアメリカのウェブサイトにアクセスするためには、物理的にアメリカとの間に海底ケーブルが必要です。

しかしながら、地方ケーブルテレビ局がアメリカまでの海底ケーブルを敷設するのはコストとして見合いません。そんなことをしたら潰れてしまいます。そこで、地方ケーブルテレビ局は宛先がアメリカのパケットについてはほかの大規模なプロバイダに代わりに転送してもらいます。これを「トランジット」と呼びます。

ここでの「トランジット」は、たとえば高知県からアメリカのニューヨークにいく場合、高知空港からニューヨークへのフライトはないので、高知→羽田→成田と空港で乗り換える、すなわちトランジットする、と同じイメージです。もちろん、大規模プロバイダは転送料（トランジット料）として、地方ケーブルテレビ局にしかるべき料金を請求します。

こうしたトランジットを提供する大規模プロバイダは、日本企業ではＮＴＴコミュニケーションズ、ＫＤＤＩ、ソフトバンクテレコム、インターネットイニシアティブなどが挙げられます。

ドメイン間ルーティングプロトコルのスタンダード、ＢＧＰ

ドメイン間ルーティングでは、識別子をＩＰアドレスではなくＡＳ番号とすることを述べましたが、ＡＳ番号を使うＢＧＰも、ドメイン内ルーティングであるＲＩＰやＯＳＰＦと同様に動的ルーティングプロトコルです。そこで、動的ルーティングプロトコルの要求事項である（1）近隣ルータの発見、（2）経路選択の方法、（3）障害検出とその復旧について見ていきましょう。

（1）近隣ルータの発見について、ＲＩＰやＯＳＰＦではマルチキャストによって動的に近隣ルータを発見しましたが、ＢＧＰの場合は、あらかじめ近隣ルータを管理者が指定します。その背景には、ＲＩＰやＯＳＰＦの場合、同じドメイン内のネットワークであるため管理ポリシーが同じであるのに対し、ＢＧＰの場合はほかのドメインとの接続であるため、同じ管理ポリシーのルータを識別しなければならないという事情があります。

つまり、自動的にルータを発見して、自動的に接続するというわけにはいきませんので、管理者が同一ネットワークに存在するルータ（ＢＧＰルータ）を明示的に指定して接続を確立します。接続相手のＢＧＰルータのことをピア（peer）、ピアと接続を確立することをピアリング（peering）と呼んでいます。

（２）経路選択の方法について、ＢＧＰは、距離（メトリック）が短い経路を最適経路とするＲＩＰのディスタンスベクター方式に類似する、パスベクター方式を採用しています。パスベクターとは、パス（経路）の長さから優先度を判断する方法です。

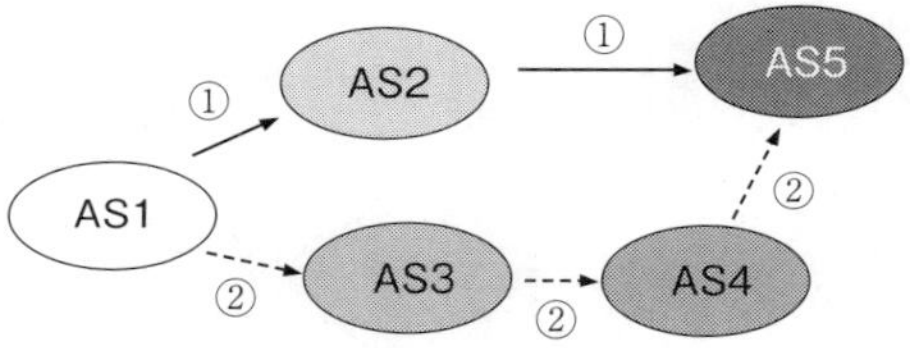

図5－30　パスベクター方式の経路選択

図５－30では、ＡＳ番号１から５までのＡＳが接続されています。ＡＳ１からＡＳ５までは①ＡＳ１→ＡＳ２経由、②ＡＳ１→ＡＳ３→ＡＳ４経由の２通りのパス（ＡＳパス）が考えられます。つまり、ＡＳ５は２つのＡＳパスを持っていることになります。ＢＧＰではＡＳパスが短

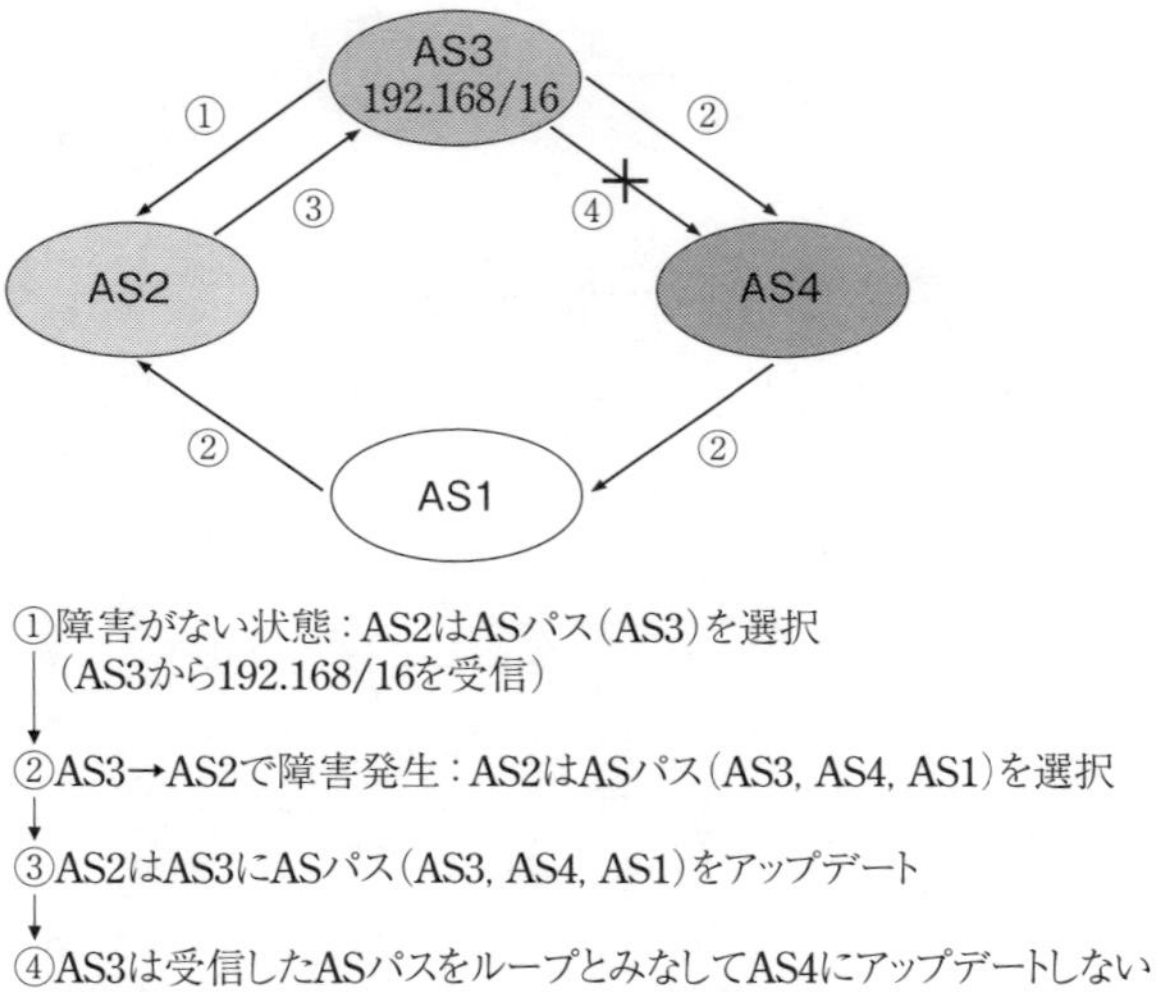
AS3
192.168/16
①
②
③
④
AS2
AS4
②
②
AS1
①障害がない状態：AS2はASパス（AS3）を選択
（AS3から192.168/16を受信）
②AS3→AS2で障害発生：AS2はASパス（AS3, AS4, AS1）を選択
③AS2はAS3にASパス（AS3, AS4, AS1）をアップデート
④AS3は受信したASパスをループとみなしてAS4にアップデートしない

図5－31　パスベクター方式のループ

いほど優先度が高いとみなしますから、この場合、①ＡＳ１→ＡＳ２経由が採用されます。つまり、ＡＳ５はＡＳ４ではなくＡＳ２から情報を受け取るのです。

なお、ＡＳパスは経路上のＡＳ番号を並べて表します。この例では、①の場合（ＡＳ１、ＡＳ２）、②の場合（ＡＳ１、ＡＳ３、ＡＳ４）となります。

パスベクターのメリットは、ルーティングにおける最大の課題、ループ（137ページ参照）を排除できることです。例を挙げましょう。図５－31はパスベクター方式でのループの可能性を示唆しています。ＡＳ３には192.168/16というＩＰアドレスブロックが割り当てられています。また、ＡＳ２はＡＳ３からの経路として、①ＡＳパス

（ＡＳ３）および②ＡＳパス（ＡＳ３、ＡＳ４、ＡＳ１）の２つを持っています。前述のように、ＡＳパスが短いほうを優先するので、①が最適パスとして選択されます。

ここで、ＡＳ２⇔ＡＳ３間でＡＳ２→ＡＳ３は到達できるものの、ＡＳ３→ＡＳ２はなんらかの障害が発生して到達できない、すなわち一方通行になってしまった場合を考えてみます。ＡＳ３→ＡＳ２が切断されるので、最適パスとして選択されたＡＳパス（ＡＳ３）は削除されます。その代わりに、②のＡＳパス（ＡＳ３、ＡＳ４、ＡＳ１）が最適パスとして選択されます。そして、ＡＳ２はＡＳ３にＡＳパス（ＡＳ３、ＡＳ４、ＡＳ１）をアップデートします。アップデートを受信したＡＳ３は、ＡＳパスのなかにＡＳ３が存在しているため、ループが発生していると判断して、ＡＳ４にはアップデートしません。経由したＡＳを追加していくことによってループを検出する、これがパスベクターでのループ回避の方法になります。

（３）障害検出とその復旧について、ＢＧＰは障害の検出をピアリングの切断によって判断します。前述のように、相手のルータとピアリングした後、30秒に一度ＫＥＥＰＡＬＩＶＥ（応答確認）をします。応答確認に失敗した場合、相手ルータはダウンしたと判断して、それ以外のピアに対してそのパスが存在しないというＷＩＴＨＤＲＡＷ（取り消し）メッセージを送信するのです。そのうえで、残っているＡＳパスのなかから、パスの短い別のＡＳパスを採用します。

ＢＧＰは、ＡＳ番号によって組織を識別し、ＡＳパスによってループを回避できるという点で

ＲＩＰと異なりますが、本質的にホップ・バイ・ホップアップデートのルーティング方式ですから、収束が遅いことには変わりありません。このためＢＧＰに代わるさまざまなルーティングプロトコルが提案されていますが、すでにＢＧＰがドメイン間ルーティングのスタンダードになっているため、なかなか置き換えは進んでいません。

ただ、ＢＧＰが今日まで利用されてきた最大のメリットは、ＩＰアドレスによる経路交換を組織情報（ＡＳパス）の交換に置き換えたことによって、ＯＳＰＦやＲＩＰより、さらに情報の集約が可能な点にあります。このメリットが、収束が遅いというデメリットを補っているといえるでしょう。

プロバイダの拠点、IX

ＢＧＰには、収束が遅いということ以外にも問題があります。ＲＩＰやＯＳＰＦと異なり、ほかの組織（ほかのプロバイダなど）と相互接続する必要があるという特徴を持つＢＧＰでは、相互接続のためにプロバイダ同士で専用回線を引かなくてはなりません。たとえば、10のプロバイダとピアリングを確立する場合は、10回線引く必要があり、大変コストがかかります。

このコストを削減しようと、１９８０年代から、ＩＸ（Internet Exchange）と呼ばれる１つの拠点に多くのプロバイダを集めるという動きがでてきました。方法は簡単です。あるデータセンターを拠点として多くのプロバイダを集めます。そして、その拠点でプロバイダ同士を接続すれば、プロバイダ間での個別回線は必要ありません。

これは、第１章から登場しているスモールワールド理論のハブそのものです。プロバイダはあるＩＸまで回線を引けばほかのプロバイダとピアリングができるので、この方法は広く普及し、現在でも世界中でＩＸが運用されています。

コラム 14 経路とブラックホール

プライベートＩＰアドレス以外のグローバルＩＰアドレスは勝手に使ってはいけないことになっていますが（118ページ）、仮に使った場合どうなるでしょうか？ ここにインターネットの本質的な問題が隠されています。前述のように、インターネットはお互いを信頼することによってはじめて成立するネットワークだからです。

たとえば、図５－ＡのようにＡＳ１からＡＳ４までの４つのＡＳが相互接続している場合を考えます。ここで、128.235/16というＩＰアドレスブロックは正式にはＡＳ２に割り当てられているとします。世界で唯一、ＡＳ２が128.235/16を広告していれば問題はありません。ただし、なんらかの原因（設定ミス、セキュリティアタックなど）でＡＳ１がＡＳ２のＩＰアドレスブロックを広告したらどうでしょう。

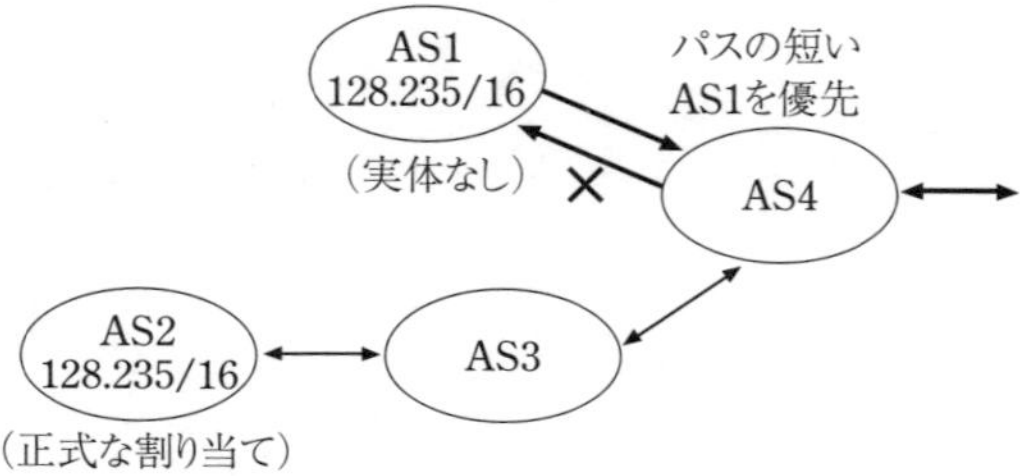

図５－Ａ　経路のブラックホール化

経路はＡＳパスが短いほうが優先されるので、この場合ＡＳ４が２つの128.235/16からの経路のどちらを優先するかといえば、ＡＳ２↓ＡＳ３と経由する経路ではなく、ＡＳ１経由の経路です。しかしながら、128.235/16というＩＰアドレスを広告しているものの、ＡＳ１には128.235/16のＩＰアドレスを付与した端末は存在しない、すなわち実体はないので、パケットは到達しません。これを経路のブラックホール化と呼んでおり、現在のインターネットでもしばしば起きる問題となっています。

　この問題の本質的な原因は、インターネットはお互いを信頼するネットワークであるために、経路一つ一つを認証しないということにあります。

第6章 インターネットの電話帳、DNS

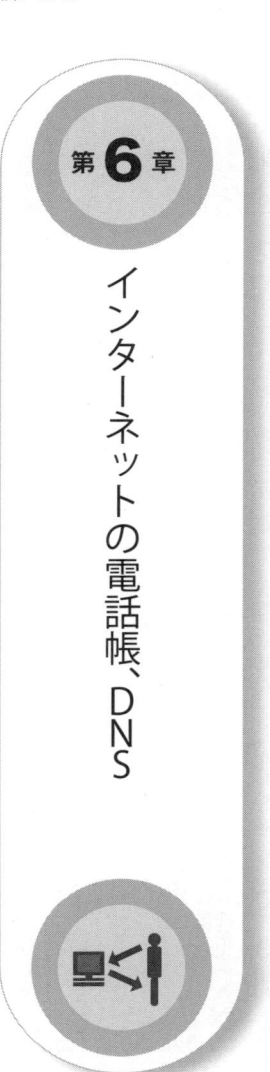

DNSはなぜ必要か

私たちはメールを送信する場合、taro@example.com のように宛先としてユーザー名とドメイン名を指定します。taro@203.178.135.32 のようにＩＰアドレスを指定することはありません。また、インターネットに接続する場合も、http://www.example.com といったＵＲＬ表記が一般的で、http://203.178.135.32 というＩＰアドレス表記はふだん目にすることはないでしょう。

私たちにとっては、203.178.135.32 という数字より example.com のほうがわかりやすいのは確かですし、パケットを転送するルータにとっては example.com より 203.178.135.32 のほうが〝束ねる〟〝振り分ける〟役割を担うルーティングに便利なのは明らかです。

問題は、どうやってexample.comと203.178.135.32とのマッチングを提供するかです。本章で取り扱うDNS（Domain Name System：名前解決システム）は、このIPアドレスとドメイン名との変換サービスを提供するしくみです。

DNSについて具体的に見ていく前に、ネットワークにおけるDNSの位置づけについて考えてみましょう。たとえば、前述のtaro@example.comは、DNSを使わないとtaro@203.178.135.32という表記になりますが、じつはこれでもメールの送信は可能です。このように述べると、DNSはインターネットにとって必ずしも必要なものではないと思えるかもしれませんが、前述のとおり人間にとって扱いやすく、便利なことは間違いありません。

さらに重要なのは、あらゆるインターネットアプリケーションがDNSを利用しているという点です。メール、ウェブ、チャット、ビデオストリームなど、インターネットのアプリケーションのほぼすべてがDNSを利用しています。DNSがここまで広く用いられている理由は、人間にとって便利だからという以上に、IPアドレスを意識する必要から解放されたことにあると考えることもできるでしょう。

IPアドレスは常に同じであるとは限りません。引っ越しなどで、IPアドレスの付け替え（リナンバリング）が行われることはしばしばあります。これではIPアドレス変更のたびにメールアドレスを変更しなくてはならず、使い物になりません。しかしながら、DNSを使うことで、example.com が 192.168.2.1 → 192.168.3.1 と変更されても、ユーザーはそれを意識せずに example.com を使い続けることができるのです。

この議論を敷衍すれば、ＤＮＳとは第5章で述べた動的ルーティングが提供するしくみに近いといえるでしょう。動的ルーティングでもしばしば宛先のＩＰアドレスあるいは途中経路が変わります。動的ルーティングの役割は障害への透過性の提供、すなわち、ネットワークで障害が発生したときに動的ルーティングプロトコルが障害を検出して、自動的に復旧することによって、宛先端末への経路を確保することでした。

ＤＮＳも同様です。example.com のＩＰアドレスが変わろうが、ユーザーは意識することなく example.com を使い続けることができるという点で、ＤＮＳも透過性を提供しているといえるでしょう。ＤＮＳは一般的にアプリケーションの一部として語られることが多いのですが、本章では動的ルーティングと同様に名前変換の透過性を提供する役割を担うシステムとして捉えていきます。

名前変換の原則

インターネットでの名前変換機能には、2通りの場合を考えることができます（図6－1）。一つはドメイン名（www.example.co.jp）からＩＰアドレス（203.178.138.25）への名前解決、も

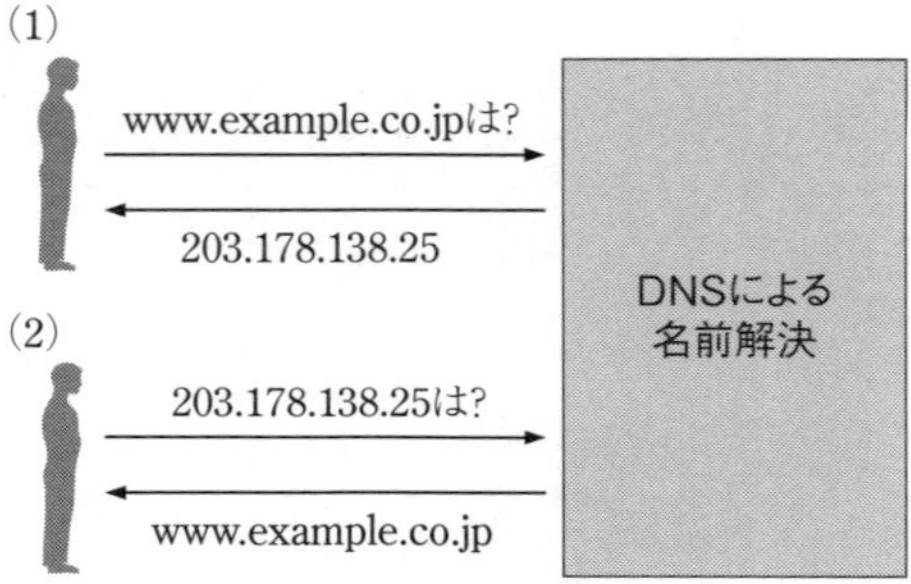

図6－1　2つの名前解決

う一つはＩＰアドレス（203.178.138.25）からドメイン名（www.example.co.jp）への名前解決です。

これは、郵便番号の機能に置き換えるとイメージしやすいでしょう。郵便の場合にも、郵便番号（812-00XX）から住所（Ｘ県Ｙ市Ｚ町）に変換する場合と、住所（Ｘ県Ｙ市Ｚ町）から郵便番号（812-00XX）に変換する場合の２つがあります。

インターネット名前解決では、前者（ドメイン名→ＩＰアドレス）を正引き、後者（ＩＰアドレス→ドメイン名）を逆引きと呼びます。ＤＮＳを一言で表現するのであれば、端末がＤＮＳサーバ（サーバは、サービスを提供するコンピュータ）に正引き・逆引きのリクエストを出し、ＤＮＳサーバがそのリクエストに答えるサービスを提供する、こう表現することができるでしょう。

インターネットの名前解決においても、郵便の郵便番号・住所変換においても必ず守るべきルールが１つあります。そ

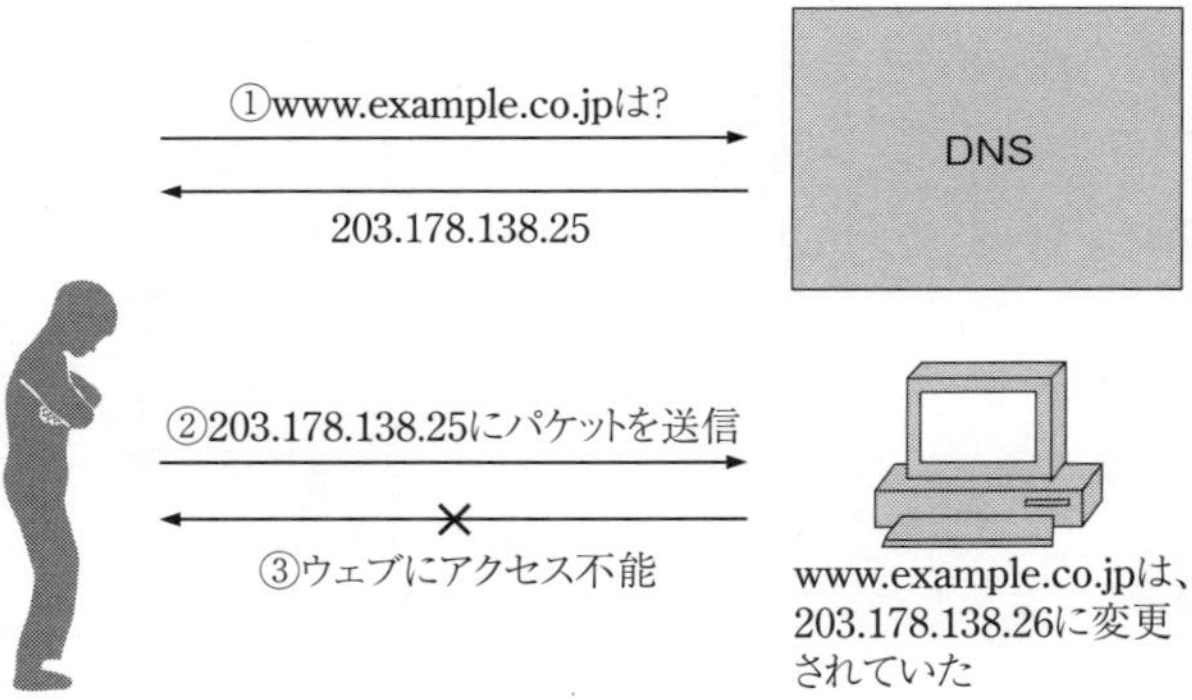

図6－2　名前解決の失敗例

れは、識別子（ＩＰアドレス、郵便番号）と名前（ドメイン名、住所）との整合性を保証することです。郵便番号の場合、812-00XXがX県Y市Z町と常に一対一で対応しなければいけません。812-00XXはけっして、X県Y市Z町とP県Q市R町の2つに対応してはなりません。これは、インターネットでも同様です。

図6－2のように、あるユーザーがwww.example.co.jpにアクセスしたいとします。アクセスするためには当然、www.example.co.jpにパケットを送信する必要がありますが、このユーザーはwww.example.co.jpのＩＰアドレスを知りません。よってＤＮＳにwww.example.co.jpを問い合わせ（①）、その結果、203.178.138.25というＩＰアドレスが正引き結果として返ってきます。そして、それをもとに203.178.138.25宛にパケットを送信します（②）。

このとき、www.example.co.jpのＩＰアドレスが

203.178.138.25 から 203.178.138.26 に変更されていたとしたらどうでしょう。203.178.138.25 にパケットを送信してもウェブにアクセスができません（③）。これが、整合性がないということで、こうなってはＤＮＳは役に立ちません。

つまり、ポイントはどうやって整合性を保証するか、です。言い換えれば、どうやって名前空間での一意性を保証するかということになります。ここからは、名前空間の一意性がどのように保証されているのかを見ていくことにしましょう。

コラム 15 http://とは？

ウェブサイトにアクセスする場合、私たちはインターネットの住所にあたるＵＲＬをＰＣに入力しますが、ＵＲＬはドメイン名の www.example.com だけではなく、先頭に「http://」のついた http://www.example.com のようになっています。

この http:// とは、ＨＴＴＰ（Hyper Text Transfer Protocol）のサービスに接続していることを示しています。ウェブページは、ほかの文書（ページ）のリンク情報（ハイパーリンク）を埋め込むことができるので、ハイパーテキストとも呼ばれていますが、そのハイパーテキストを転送するプロトコル、これがＨＴＴＰです。したがって、ＤＮＳとは直接関係がなく、この章では取り上げていません。

http://www.example.com のような「(プロトコル)://(ホスト名)」という表記は、ウェブ以外に

```
HOST : 10.2.0.52 : USC-ISIF,ISIF : DEC-1090T : TOPS20 :
TCP/TELNET,TCP/SMTP,TCP/FTP,TCP/FINGER,UDP/TFTP :
```

図6－3　HOST. TXT

もFTP（File Transfer Protocol：ファイル交換プロトコル）などで利用されています。たとえば、www.example.com がHTTPとFTP、両方のサービスを提供している場合、http://www.example.com ならHTTP（ウェブ）サービスに接続しており、ftp://www.example.com ならFTPサービスに接続している、というように、ホストが提供しているサービスを http:// または ftp:// で明示します。

インターネット初期の名前解決：HOST．TXT

名前空間の一意性を保証するいちばん単純な方法は、集中的に管理することです。たとえば電話帳の場合、日本ではＮＴＴが電話番号と番号の該当者を集中的に管理しているので、原則として重複することはありません。

インターネットも誕生当時は集中管理アプローチが採用されていました。もともと、ＩＰアドレスだけでは管理しにくいため、１９８０年代は、ＨＯＳＴ．ＴＸＴというテキストファイルをインターネットに接続しているコンピュータが共有することで、名前解決を行っていたのです。

図６－３では、「ＨＯＳＴ」として「10.2.0.52：USC-ISIF」とエントリー（登録）されています。これは、ホストＵＳＣ－ＩＳＩＦのＩＰアドレスが 10.2.0.52

であることを意味します。このファイルは、米国で初期からインターネット接続を開始していたSRI（Stanford Research Institute：スタンフォード研究所）が管理し、インターネットを利用するユーザーは定期的にこのファイルを更新していました。電話帳が一年に一度利用者に配達されるのと同じです。

集中から分散――HOST．TXTからDNSへ

現在では、HOST．TXTは利用されていません。その理由は、更新頻度が高くなると名前解決の大原則である整合性の保証が難しくなるからです。たとえば、一時間に30回HOST．TXTが更新されると仮定した場合、コンピュータはインターネットに接続するたびにSRIのサイトからHOST．TXTを取得しなくてはいけません。HOST．TXTが最新版と同期していなかったために、目的のホスト名のIPアドレスを変換できないという可能性も考えられるでしょう。こうしたことから、インターネットの規模が拡大するにつれて、HOST．TXTが提供する名前解決機能では不十分となってきました。

HOST．TXTの問題点は、1ヵ所に負荷が集中してしまう点です。これは第2章で述べたアメリカの半自動式防空管制装置SAGEの問題点と同様で、1ヵ所（HOST．TXT）で障害が起きるとシステム全体が機能しなくなります。

ＳＡＧＥの危機感から分散型ネットワークであるＡＲＰＡＮＥＴが誕生したように、ＨＯＳＴ．ＴＸＴで集中管理していた名前解決を分散する方法が検討されました。

図６－４では、Ａ大学の下に文学部と工学部があり、それぞれの学部内にＰＣ１～20のホストがあります。文学部と工学部にそれぞれＰＣ１～20が存在していますが、たとえば同じＰＣ１であっても、一方はＡ大学→文学部→ＰＣ１、他方はＡ大学→工学部→ＰＣ１と所属が異なるので一意に識別できます。郵便にたとえれば、山田太郎という同姓同名の２人の人物がいたとして、Ｘ県Ｙ市Ｚ町の山田太郎とＰ県Ｑ市Ｒ町の山田太郎とは異なる、つまり識別できるということです。

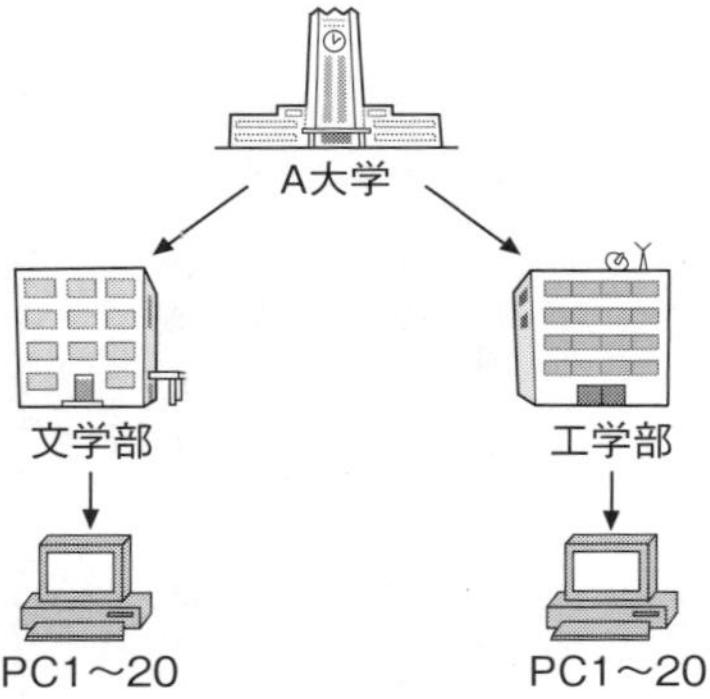

図6－4　階層化された組織

　また、文学部、工学部のそれぞれで名前を管理すれば、更新は両学部内のコンピュータにおける変更に限定されます。この独立した管理の単位をドメインと呼び、ＤＮＳは、ドメインに分散して名前を解決するしくみといえます。なお、第５章でドメインについて述べましたが（152ページ）、その際はＩＳＰなどの組織を指していました。ＤＮＳのドメインは名前の管理の単位であり、同じ名前ですが扱う対象は違うといえるでしょう。

さて、分散して名前を解決する方法は効率的ですが、一つ問題があります。私たちはまずどこに問い合わせすればいいのでしょうか？　たとえば、Ａ大学の工学部の名前解決をする場合は、その上位の組織がＡ大学なので、Ａ大学のＤＮＳサーバに問い合わせればわかります。では、Ａ大学の名前解決をするにはどうすればいいのでしょうか。

集中管理の場合は、ＨＯＳＴ．ＴＸＴにすべて書いてありましたから、どこに問い合わせればいいか考える必要はありませんでした。しかし、管理を分散した場合、そうはいきません。たとえばＡ大学の名前解決をしたいとき、どこに問い合わせればいいのかを知っていなくては問い合わせができません。それは、Ａ大学の名前を知っている誰かということになります。

分散とドメインツリー

この問題を解決するために、ＤＮＳではドメインツリーという概念を導入しています（図6－5）。つまり、ドメインをツリー状に構成するのです。144ページ図5－20でみたように、ツリーには根（ルート）からたどればループのない一本道の経路が形成されますから、名前の重複を避けるために、ＤＮＳにもこのしくみを導入したのです。

図6－5では、たとえば、www.jprs.co.jpは、「．」（ｒｏｏｔ：ルート）→ＪＰ→ＣＯ→ＪＰＲＳ→ＷＷＷ（World Wide Web：ウェブサーバを表すホスト名）、とたどることができます。

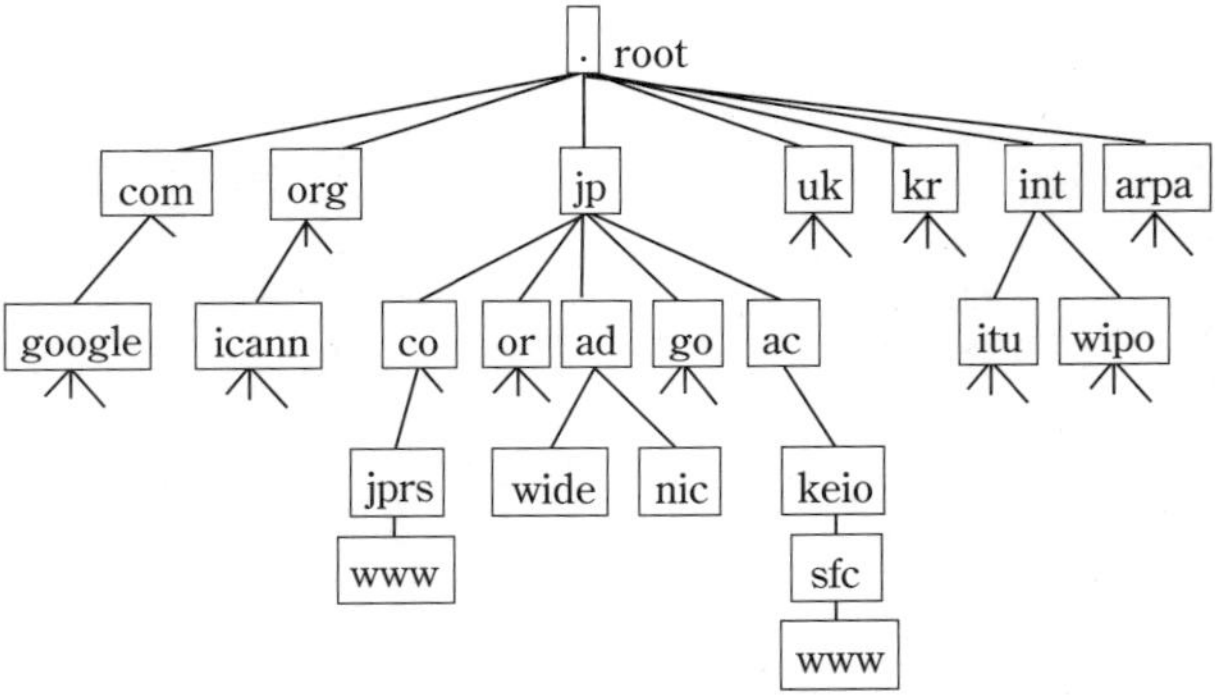

図6-5　ドメインツリー

A.ROOT-SERVERS.NET.	3600000	A	198.41.0.4
B.ROOT-SERVERS.NET.	3600000	A	128.9.0.107
C.ROOT-SERVERS.NET.	3600000	A	192.33.4.12
D.ROOT-SERVERS.NET.	3600000	A	128.8.10.90
E.ROOT-SERVERS.NET.	3600000	A	192.203.230.10
F.ROOT-SERVERS.NET.	3600000	A	192.5.5.241
G.ROOT-SERVERS.NET.	3600000	A	192.112.36.4
H.ROOT-SERVERS.NET.	3600000	A	128.63.2.53
I.ROOT-SERVERS.NET.	3600000	A	192.36.148.17
J.ROOT-SERVERS.NET.	3600000	A	198.41.0.10
K.ROOT-SERVERS.NET.	3600000	A	193.0.14.129
L.ROOT-SERVERS.NET.	3600000	A	198.32.64.12
M.ROOT-SERVERS.NET.	3600000	A	202.12.27.33

図6-6　ルートネームサーバファイル

ホスト名とIPアドレスとの間の「A」はホスト名を示すリソースレコード（後述）。

ここで、先ほどのＡ大学の場合と同じ問題が発生します。名前解決のためには、もっとも上位にあるルートに問い合わせるわけですが、どうやってそのために必要なルート〝.〟のＩＰアドレスを知るのでしょうか？　ルートの名前解決をするのに、ルートに問い合わせるというわけにもいきません。そこで、ルートのＩＰアドレスを固定することにしたのです。ルートを固定して、ルートを基点に名前解決を提供する、これがＤＮＳの前提条件となっています。

図６－６は、ルートの名前変換サービスを提供するＤＮＳサーバ（これをルートネームサーバと呼びます）のホスト名とＩＰアドレスをまとめたファイルで、通常のホストはこれを最初から保有しています。世界中に、A.ROOT-SERVERS.NET から M.ROOT-SERVERS.NET まで13個のルートネームサーバが存在します。

コラム 16 ルートネームサーバの運用

ルートネームサーバは、世界に13台しか存在しません。ＤＮＳはインターネットの屋台骨といわれるほど重要な存在であり、すべてのルートネームサーバにアクセスできない事態が起こった場合、名前解決ができない、すなわち、あらゆるインターネットのアプリケーションが利用できないことになります。そうなるとインターネットにとって致命的な打撃をもたらしますので、ルートネームサーバの運用は非常に厳格に定められています。

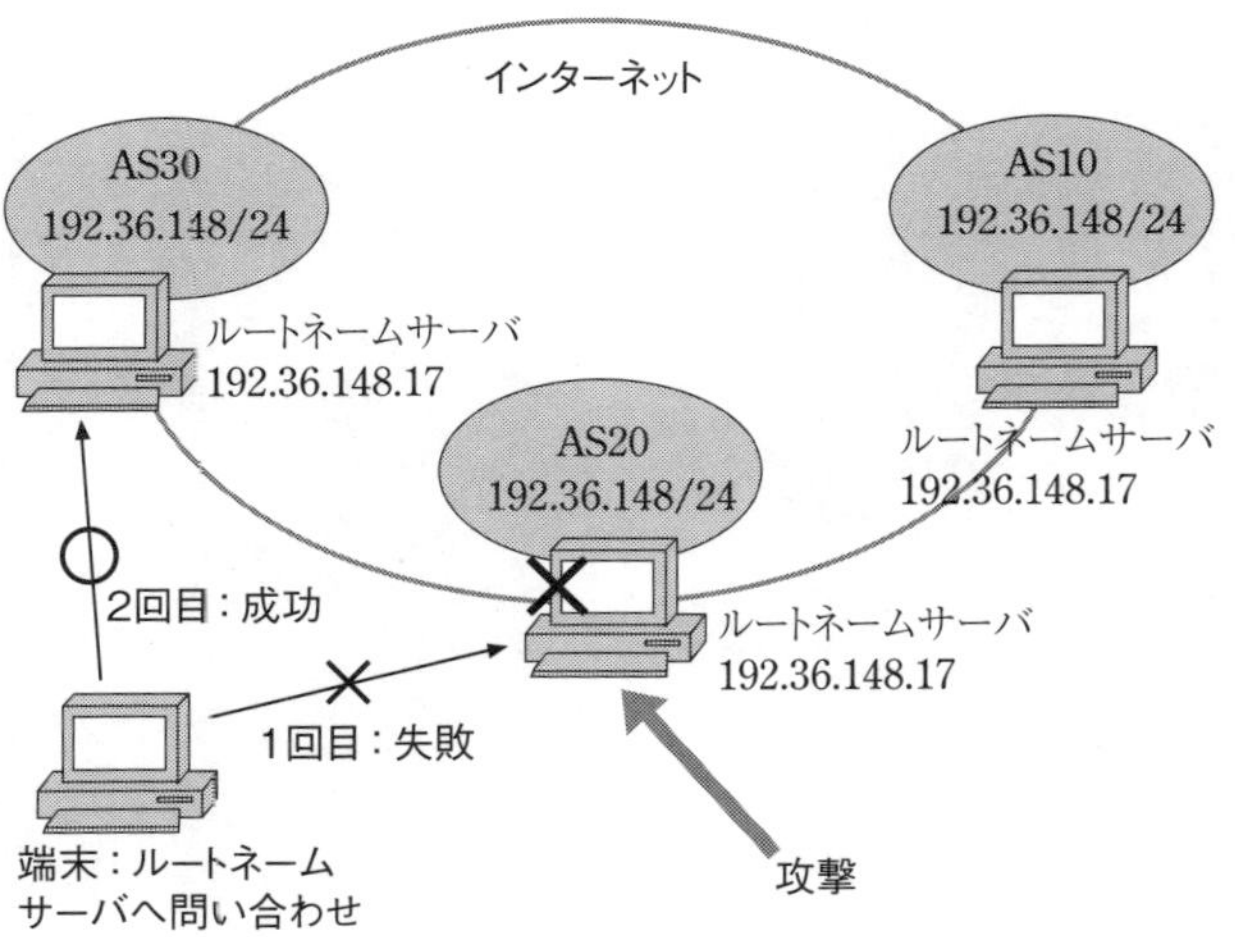

図６－Ａ　エニーキャストDNS

しかしながら、どんなに厳重に運用が行われても、ルートネームサーバへの攻撃は絶えませんでした。２００２年10月の攻撃では、13台中９台のルートネームサーバが攻撃されました。さいわい、すべてのルートネームサーバがダウンしたわけではなかったので、ユーザーへの目立った被害はありませんでしたが、すべてがダウンしたらＤＮＳは機能不全に陥ります。

いちばん簡単な解決方法は、ルートネームサーバを増やすことですが、ＤＮＳの１パケットサイズは５１２バイト、13のルートネームサーバが最大で、これ以上増やすことができません。

そこで現在は、エニーキャストＤＮＳと呼ばれる方式が一部のルートネームサーバで採用されています（図６－Ａ）。これは、同じＩＰアドレス（この例では、192.36.148.17、I.ROOT-SERVERS.NET）を持つルートネームサーバを世界各地に分散させる方法です。つまり、コピーを作って点在させるわけです。そして、コピーしたルートネームサーバの経路情報をネットワーク管理者がＢＧＰで流し、ＤＮＳサーバはいちばん近いルートネームサーバのコピーにアクセスします。こうしておけば、１つが攻撃されても、ほかのコピーが生き残っている限り大きな影響はありません。

名前が解決されるまで

ここからは、名前解決のしくみをもう少しくわしく見ていきましょう。図６－７のように、ユーザーがホスト名www.example.co.jpの名前を解決する場合を考えます。

前述のように、ユーザーはルートネームサーバのＩＰアドレスをすでに知っていますので、最初にルートネームサーバに問い合わせをします。ただし、ルートネームサーバはＨＯＳＴ．ＴＸＴのようにすべてのホストを管理しているわけではありません。ドメインごとに分散してＤＮＳサーバが設置されています。そして、ユーザーにとって次に必要な情報は、どのＤＮＳサーバがｊｐを管理しているか、つまり.ｊｐＤＮＳサーバのＩＰアドレスです。そこで、ルート"."に、．ｊｐの名前解決リクエストを送信します。

リクエストを受信したルートは、．ｊｐＤＮＳサーバのＩＰアドレス（61.120.151.100）を返しま

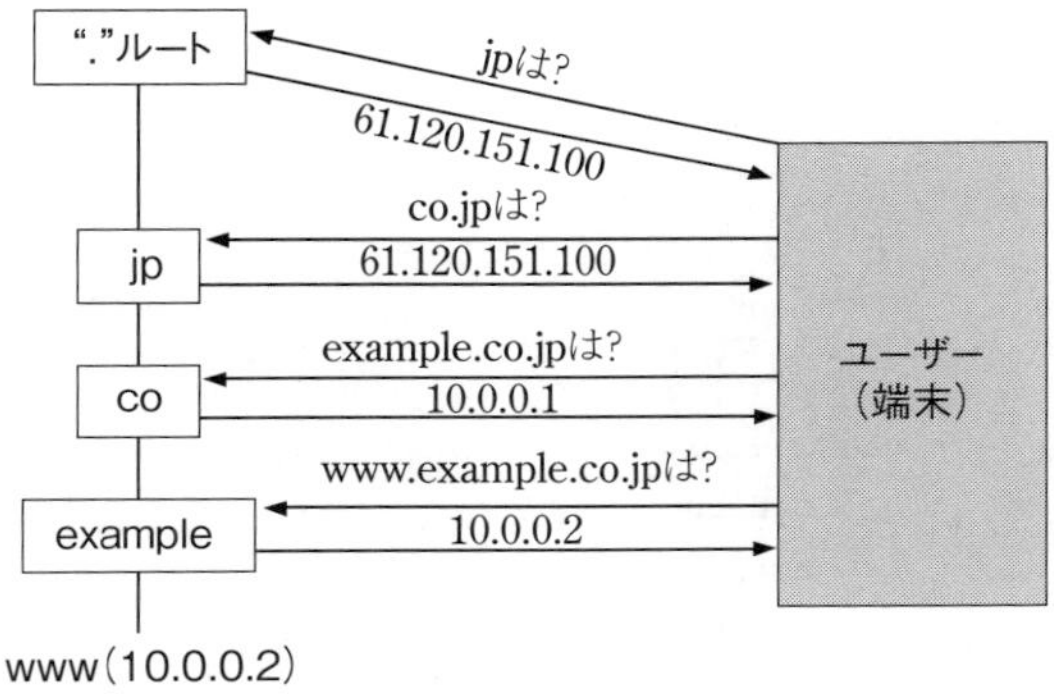

図6-7　名前が解決されるまで

ユーザーはドメインツリーにしたがって、ルートから順に、それぞれのDNSサーバに名前解決リクエストを送る（再帰的名前解決）。

す。これで、www.example.co.jp のうち.ｊｐまでは解決したので、残りは www.example.co です。今度はｊｐＤＮＳサーバにｃｏＤＮＳサーバの名前解決リクエストを送信します。

図6-7ではｃｏと.ｊｐを管理しているサーバは同じです（日本では日本レジストリサービスという会社がｊｐおよびｃｏのドメインを管理しています）ので、ｊｐＤＮＳサーバは同じＩＰアドレス（61.120.151.100）をユーザーに返します。

次に解決するのはｅｘａｍｐｌｅです。ユーザーはｃｏＤＮＳサーバにｅｘａｍｐｌｅＤＮＳサーバの名前解決リクエストを送信し、ＩＰアドレス（10.0.0.1）を受け取ります。最後に、ｅｘａｍｐｌｅＤＮＳサーバにwww.example.co.jp のＩＰアドレスを問い合わせ、ホスト名ｗｗｗのＩＰアドレスは10.0.0.2と知ることになります。

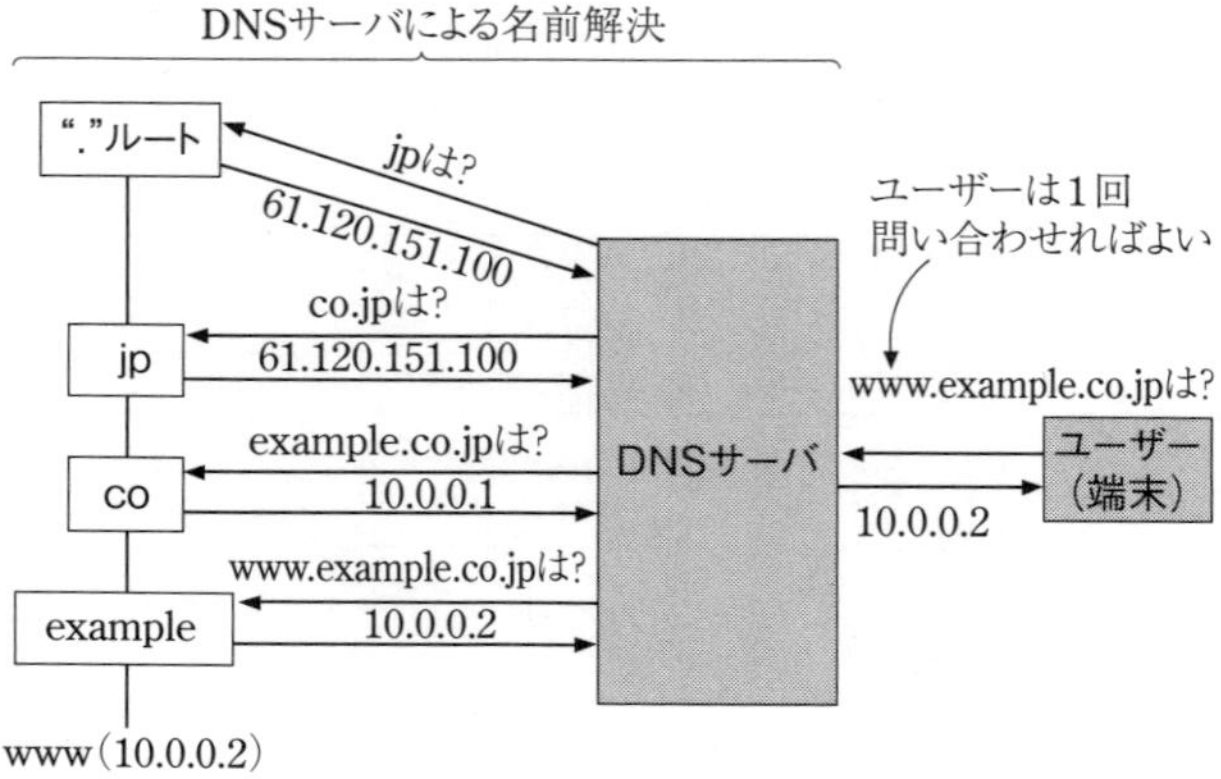

図6−8　DNSサーバと端末

このプロセスは、ユーザーがルートに始まって、jp→co→example→wwwと繰り返し名前解決を実行していくので、再帰的名前解決と呼ばれています。

じつは、私たちが使っているPC（端末）がこうした名前解決をしているかといえば、していません。図6−8のように、通常、端末はDNSサーバを指定して、DNSサーバが端末に代わって前述の名前解決プロセスを実行します。

ただし、DNSサーバにしても、たとえば1分間に100回、同じwww.example.co.jpに問い合わせがあったときに、すべてルートに問い合わせて再帰的名前解決をするのは効率的ではありません。そのため、DNSサーバは一度問い合わせを受けた内容をキャッシュとして一定時間保存しておき、それを参照してユーザーに答えを返します。一定時間を過ぎたら、ふたたびルートに問い合わせればよいのです。

なお、これまでDNSサーバと一括りに扱ってきましたが、これまでの内容を整理すると、①次の参照先などDNSのコンテンツを保有しているDNSサーバ、および、②クライアントからリクエストを受けてそこからルートに問い合わせる、あるいはキャッシュを保有するDNSサーバの2種類あることがわかります。実際の運用としては、DNSサーバは①と②を兼ねることが多いのですが、これからはDNSサーバと呼ぶときには①をさします。

端末での名前解決機能——リゾルバ

私たちが利用しているPCなどの端末は名前解決機能を有していないことを述べましたが、しかしながら、図6-8に示したように、端末もDNSサーバに問い合わせをする必要があるので、最低限の名前解決問い合わせ機能が必要です。この機能はリゾルバ（resolver：解決機能）と呼ばれ、メールやウェブで名前解決が必要な場合、このプログラムが呼び出されるしくみです（図6-9）。なお、ウィンドウズやマッキントッシュといったOSにはリゾルバが必ず組み込まれています。

リゾルバを利用するには、まず、DNSサーバを指定しなければなりません。指定方法は大きく分けて2つあります。一つは、ISP（インターネットプロバイダ）と契約すると郵便で送ら

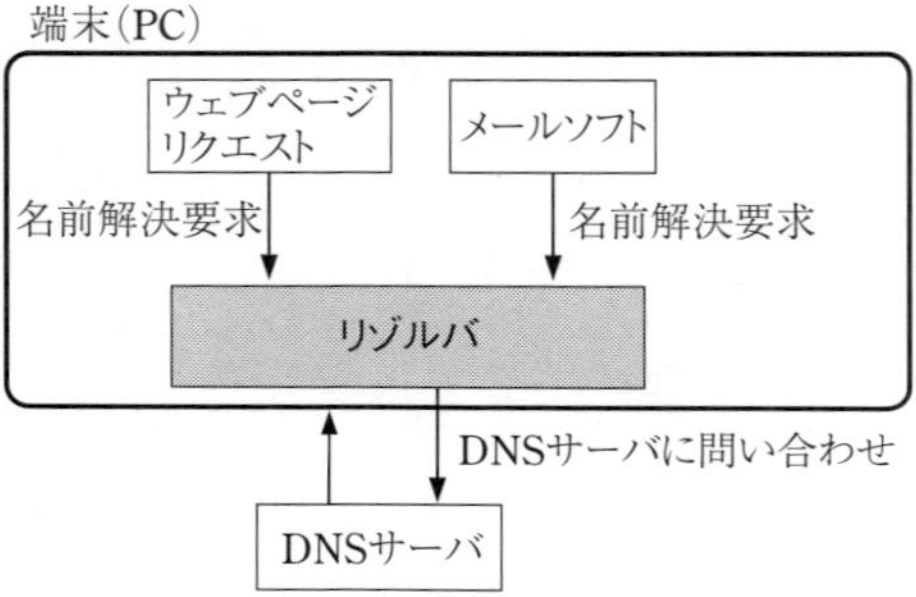

図6−9　リゾルバとDNSサーバの関係

れてくる、接続ログイン名、Ｅメールアドレス、パスワードなどのなかに、ＤＮＳサーバのＩＰアドレスも含まれており、この内容に従ってＤＮＳサーバのＩＰアドレスを直接指定する方法です。

もう一つはＤＨＣＰ（Dynamic Host Configuration Protocol：自動ホスト設定プロトコル）を利用する方法です。たとえば、ノートパソコンを無線ＬＡＮ経由で利用しているとき、パソコンをほかの場所に移動して、別の場所で無線ＬＡＮに接続しても設定を変更することなく、インターネットに接続することができます。これはＤＨＣＰというプロトコルが動作しており、同じネットワークに存在するＤＨＣＰサーバにそのパソコンが利用可能なＩＰアドレスのリクエストを送っているからです。

ＤＨＣＰサーバは保有しているＩＰアドレスのなかで、利用していないパソコンに付与すべきＩＰアドレスとともに接続すべきルータ情報（デフォルトゲートウェイと呼びます）、ＤＮＳサーバ情報をパソコンに返します。パソコンはＤＨＣＰサーバから受け取った情報にもとづいて、自身のＩＰアドレス、デフォルトルータ、ＤＮＳサーバを指定するため、ユーザーが意識することなくネットワークがつながるのです。ＤＨＣＰはウィンドウズ95から導入され、それ以降急速にインターネットが普及した理由の一つとして、この機能の導入もあげられています。

DNSとルーティング

章の最初で述べたように、名前解決のしくみは、透過性の提供という点で動的ルーティングと共通しています。つまり、ＤＮＳの導入は動的ルーティングの導入に相当するといえるでしょう。前章では、動的ルーティングの要求事項として、（１）近隣ルータの方法、（２）経路選択の方法、（３）障害検出とその復旧、をあげましたが、ＤＮＳについてもこれが当てはまるかどうか考えてみましょう。

（１）近隣ルータの発見ですが、ＤＮＳには動的に近隣ルータを発見する機能はありません。代わりに、次にリクエストを転送するＤＮＳサーバを静的に（手動で）指定します。

（２）経路選択の方法および、（３）障害検出とその復旧、ですが、動的ルーティングの場合、複数の経路候補のなかからＲＩＰであればディスタンスベクター、ＯＳＰＦであればダイクストラのアルゴリズム、BGPであればパスベクターで最適な経路を1つ採用しました。一方、DNSの場合、ツリー構造ですから経路は1つです。たとえば、www.example.co.jp には、ルート→jp→co→example→wwwというパス以外は原理的に存在しません。その意味で、動的ルーティングが提供する冗長性はDNSにはありません。むしろ、重要なのは次の転送先をどう決めるか、どうツリーを形成するかですから、この点について考えてみましょう。

たとえば、example.com というドメイン名を持つ会社は、アメリカが本社で日本にも支社があるとします。本社のドメインは example.com ですが、日本では独自のドメイン jp.example.com を利用するとします。

jp.example.com を利用するといっても、IPアドレスのようにすぐに取得できるわけではありません。上位ドメインからの委譲を受けることが必要です。すなわち、example.com の下にjpというドメインがあるという情報を、example.com を管理しているDNSサーバに設定しなくてはなりません（図6-10）。

これは、静的ルーティングすなわち管理者が手動で設定しているのと同様ですが、静的ルーティングと異なる点は、バックアップを指定できることで、一般にこの機能が利用されています。仮に jp.example.com のDNSサーバが1台のみだとすると、そのDNSサーバがダウンした場合、jp.example.com への到達性は失われてしまいます。ウェブサーバ、メールサーバがダウンし

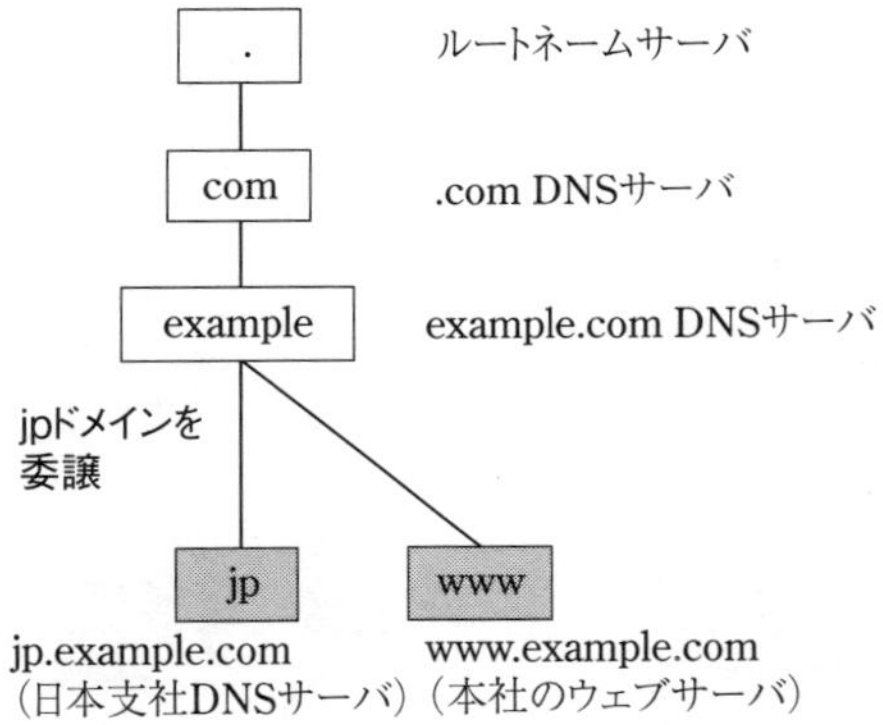

図6－10　jp.example.comの位置づけ

た場合には単一のサービス（ウェブ、メール）の提供が滞るわけですが、ＤＮＳサーバの場合、jp.example.com が提供しているすべてのサービスが滞るため、その影響は甚大です。こうした事態を避けるために、example.com で複数の jp.example.com を指定し、障害が起きても、バックアップのＤＮＳサーバに問い合わせれば冗長性を提供することができる、動的なしくみとなるようにしたわけです。

　example.com の下に複数のｊｐというネームサーバを指定することは、冗長性という観点からは有効ですが、ここで新たな問題がでてきます。それは、整合性の問題です。すなわち、複数の jp.example.com ＤＮＳサーバがあっても、それらの内容が同期されていなければ、名前解決サービスの最大の要件である一意性を満たしたことになりません。

　そこでＤＮＳでは、マスターというもとになるＤＮ

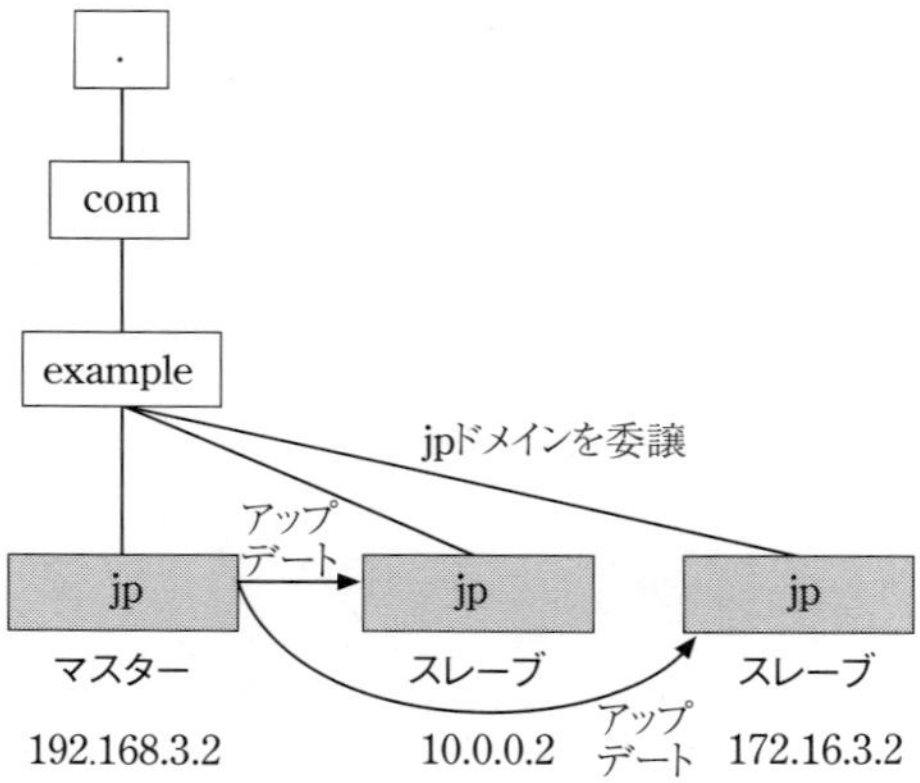

図6－11　マスターとスレーブ

Sサーバを指定し、それ以外のサーバはスレーブ（従属）としてマスターのバックアップ役に徹するしくみを取り入れています（図6－11）。マスターの内容がアップデートされたら、マスターはその内容をスレーブにアップデートするわけです。

jp.example.com のマスターは example.com における〝.〟（ルート）と同じように jp.example.com のすべての管理を担当します。たとえば、存在しないホスト名の名前解決の問い合わせが来たとしましょう。www.jp.example.com をタイプミスで wwww.jp.example.com としてしまったような場合です。このとき、マスターである jp.example.com は「そのドメインは存在しない」という答えを問い合わせ先DNSサーバに返す必要があります。

動的ルーティングとの比較に話を戻すと、DNSをルーティングプロトコルとして捉えた場合、次の転送先を手動で指定する点では静的ルーティングに近いといえます。一方で、マスターとスレーブの考え方によって、ある程度の冗長性を提供しているという点においては、動的ルーティングに近い部分があるといえるでしょう。

コラム 17 ドメインを取得するには?

一時期、個人ドメインを取得することが流行しました。ドメインを取得するとそのドメインのメールアドレス、ウェブサイトなどを持てるからです。アメリカでは、オープンソースソフトウェアを開発するときは、ソフトウェアの名前を決めたら、ドメインを取得してＴシャツを作るというカルチャーも一部ではあるようで、個人でドメインをとることは珍しくありません。

ドメイン取得のハードルも低くなっています。たとえば、「example.com」ドメインを取得したい場合、「．ｃｏｍ」を管理するネームサーバに登録を依頼する必要はなく、登録を代行してくれるレジストラ（日本では「お名前．ｃｏｍ」などが有名）に依頼すればよいのです。手数料を支払った後、．ｃｏｍのネームサーバが購入済みのドメインに対して、該当するネームサーバを指定するというしくみです。

また、ＤＮＳサーバは世界中から参照されるのでグローバルＩＰアドレス取得が大原則ですが、レジストラが付加価値サービスの一環として自社の抱えているグローバルＩＰアドレスを付与したＤＮＳサーバでＤＮＳの代行サービスを提供している場合もあります。

@	IN	SOA	example.com	exampleのドメインを管理
www	IN	A	192.168.2.2	www.example.comは192.168.2.2に該当
jp	IN	NS	192.168.3.2	jp.example.comのDNSサーバは192.168.3.2
	IN	NS	10.0.0.2	jp.example.comのDNSサーバは10.0.0.2
	IN	NS	172.16.3.2	jp.example.comのDNSサーバは172.16.3.2

図6-12　リソースレコードの例

2行目以降左から、サービス対象の名称、IN（「=」に相当）、リソースレコード、IPアドレスという順序で表されている。各行の記号の意味を右端に示した。1行目の@は「ドメイン管理」を示す。

リソースレコード

ここまで、example.com による jp.example.com へのドメインの委譲について述べましたが、結局のところ、www.example.com と jp.example.com とは何が違うのでしょうか。www.example.com は example.com の下のホスト名（ウェブサーバ）であり、jp.example.com は example.com の下のドメインを指しています。話を単純化すれば、www.example.com はブラウザでアクセスできますが、jp.example.com はウェブのサービスを提供していないので、ブラウザではアクセスできないということなのです。

すなわち、www.example.com と jp.example.com は同じ階層にみえても、提供する役割は違います。DNSでは、どのホストにどういう役割（リソース）を提供するかをリソースレコードによって表現します。

図6－12に示したのは、ＢＩＮＤと呼ばれる、ＤＮＳで標準的に利用されているソフトウェアの設定の一部です。

１行目のＳＯＡ（Site Of Authority）レコードは、このドメインを管理しているのは example.com であることを明示しています。２行目のＡレコードはホスト名とＩＰアドレスとの正引き結果、つまり www.example.com が 192.168.2.2 に該当することを表しています。

３行目以降のＮＳレコードは jp.example.com のＤＮＳサーバを明示します。この場合、192.168.3.2 のほか 10.0.0.2、172.16.3.2 のあわせて３つが該当します。前述のように、192.168.3.2 がダウンしても、10.0.0.2 あるいは 172.16.3.2 に到達できれば、jp.example.com はサービスを提供することができます。

リソースレコードにはほかにも、メールサーバを示すＭＸ、ＩＰｖ６アドレスを示すＡＡＡＡレコード、逆引きを示すＰＴＲレコードなどさまざまな種類があります。

DNSの光と影

ＤＮＳは、きわめて「ルート」に依存した基盤の上で運用されているといえます。ＡからＭまでのルートネームサーバがＤＮＳのルートとなっていますが、技術的には「自分がルートだ」と名乗り、ルート機能を提供して、現在機能しているドメイン構造とは違うドメイン構造を提供することは可能です（ただし、これはオルタネートルート〔ルート代替〕行為と呼ばれており、現在のインターネットの根幹を揺るがすことになりかねないため禁じられています）。

逆に言えば、エニーキャストＤＮＳなどを含めて堅牢なルートの運用ができれば、動的ルーティングには及ばないものの中央依存システムにない冗長性を提供することができます。このメリットは大きく、たとえば、電話帳をＤＮＳの基盤で利用し、ＩＰ電話などの名前解決を楽にするなどの試みがなされています。インフラ基盤としてのＤＮＳの役割が日に日に増してきている状況といえるでしょう。

コラム 18 検索サイトのしくみ

DNSでは、動的ルーティングに似た方法を用いてユーザーのリクエストに応え、ホスト名とIPアドレスとの変換を実現してきました。リクエストに対してリプライを返す構造の身近なものといえば、検索サイトがあげられるでしょう。検索サイトは、検索単語というリクエストから、最適なリプライを返すという機能を持っています。ただし、最適なリプライを返すためのアプローチはDNSと異なります。

DNSの場合はルートを頂点としてツリーを形成することができましたが、ウェブ検索の場合、ツリーのルートに相当するものはありません。たとえば、「総理大臣」という検索単語で検索した場合、総理大臣という単語がいちばん多く登場しているウェブサイトが「最適」であるとは限らないのです。その意味で、ルートを頂点としてツリー構造で検索できるＤＮＳより、システムとしては困難といえるでしょう。

ひるがえって、現在の検索サイトはアメリカのグーグル社が世界の62・4％と大きなシェアを保持しています。この高いシェアの背景には、同社の優れた「最適」な検索結果探索のアルゴリズムがあります。グーグルの検索単語に対するウェブサイトの優先度付けは、そのウェブサイトがほかのウェブサイトからどれだけ引用されたか、で判断されます。これは、学術論文の場合、引用された回数が多ければ多いほど、その論文は重要と判断されることと同じ理屈です。検索単語である「総理大臣」という単語がいちばん多く登場しても誰もそのウェブサイトを引用（ウェブのリンクで結びつけること）しなければ、そのサイトは誰からも重要視されないわけです。

逆に、私たちが総理大臣についてのホームページやブログを作成し、そのリンクを生成するとしたら、おそらく首相官邸のホームページにリンクするでしょう。つまり、一般的には、総理大臣の「最適」な検索結果は首相官邸のホームページと考えられるのです。

グーグル社の創業者であるラリー・ページとセルゲイ・ブリンがこのアルゴリズムを考案したことから、このウェブサイトへの優先度付けを「Page Rank™」（ページランク）と呼んでいます。

第7章 インターネットの渋滞とＴＣＰ

インターネットの渋滞とは？

これまで、ネットワークの階層構造から、ＩＰアドレス、ルーティング、ＤＮＳまでを見てきましたが、いずれも、どちらかというと端末の間に存在するルータなどのネットワークが中心の内容でした。これからは端末まで含めた、インターネットのコミュニケーション全体に焦点をあてることにします。

端末間でのコミュニケーションを実現しているのは、第3章で述べたトランスポート層です。私たちは、たとえばメールを受信しながら同時にビデオストリームを楽しむ、ということを日常的にしばしば行っていると思います。しかし、契約している回線は通常1回線で、メール

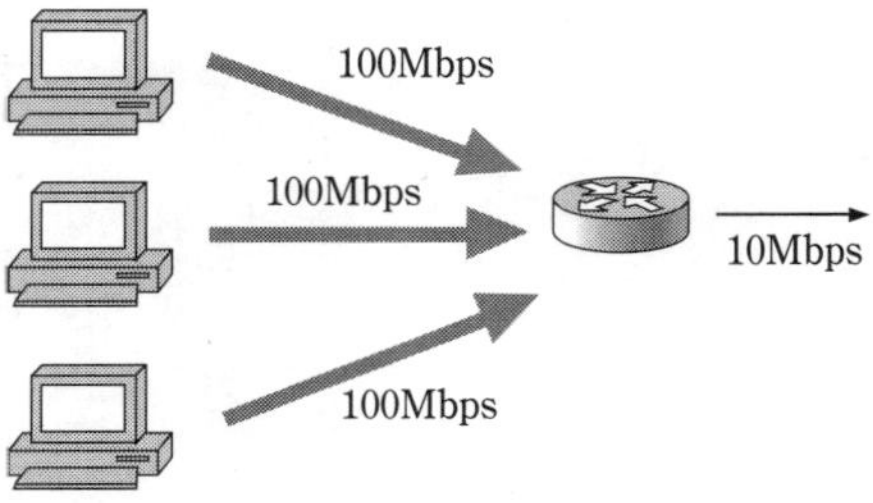

図7－1　インターネットでの渋滞

のため、ビデオストリームのために専用の回線を増設することはありません。トランスポート層の機能は、物理的には1本である回線を、仮想的に複数の回線として使えるよう、仮想回線を生成・管理・遮断することでした。

しかし、仮想回線があるからといって、いくらでも通信できるわけではありません。実際のネットワークのキャパシティ（通信許容量）は物理ネットワーク転送のキャパシティ次第です。この物理ネットワークを道路にたとえてみましょう。道路は、2車線なら2車線、4車線なら4車線とあらかじめ車線の数が決まっています。そして、道路のキャパシティ以上に車が殺到した場合、渋滞が発生するわけです。

インターネットの場合も同様です。たとえば、3台のホストが100Mbpsの速度でパケットを送出しているとします（図7－1）。しかし、この場合ルータのキャパシティは10Mbpsなので、当然ながら渋滞が発生します。

本章では、インターネットはどのように渋滞を回避するか、そこに焦点をあてます。

TCPの役割

前項の例のようなインターネットでの渋滞（輻輳《ふくそう》）を回避する方法として、大きく以下の2つが考えられます。

1　ホストの通信速度を緩める
2　ルータで不要なパケットを落として、必要なパケットだけを転送する

前者はホストで輻輳制御する方法で、このしくみがTCP（Transmission Control Protocol）です。後者はルータで特定のパケットに対して優先度を与える優先制御を行う方法で、さまざまな手法が提案されています。ただし、この場合、世の中にあるネットワークのすべてのルータを、優先度を解釈できるように変えなくてはいけません。ホストでの変更であれば送信と受信のエンドホストが対応するだけですむのに対し、ルータの場合はすべてのルータに対応させなくてはいけないという点から、普及には時間がかかるといえるでしょう。

今日、インターネットがここまで普及したのも、局所的な輻輳はあるものの、インターネット全体で大きな輻輳が生じていないからでしょう。局所的な輻輳ですんでいるのは、それぞれのホストが自律的に通信レート（時間あたりに転送するデータ量）を調整するTCPによるところが

大きいといえます。ここからは、TCPが自律的に通信レートを調整するメカニズムを追っていきましょう。

TCPの機能は3つあります。1つめは、通信先と信頼性のあるコネクションを確立すること、つまり、仮想回線を生成すること、2つめは、生成した仮想回線で信頼性のある通信を実現すること、3つめは、前述したような通信レートの調整です。まずは、1つめの仮想回線の生成から見ていきましょう。

仮想回線の生成・遮断——接続の確立と終了

仮想回線を生成するには、端末同士がお互いに接続（コネクション）を確立する必要があります。では、TCPでどのように接続を確立するのか、考えてみましょう。

接続の確立は、人と人とがコミュニケーションする方法とよく似ています。図7－2では、AさんがBさんとコミュニケーションをとろうとします。まず、AさんはBさんに向かって話しかけます。この声がBさんに届けばBさんはAさんに返事をします。Bさんからの返事をAさんが確認したことがわかれば、AさんとBさんの双方向のコミュニケーションは成立したことになります。

TCPでもこれと同じです（図7－3）。送信側（端末A）がSYN（synchronize：接続確

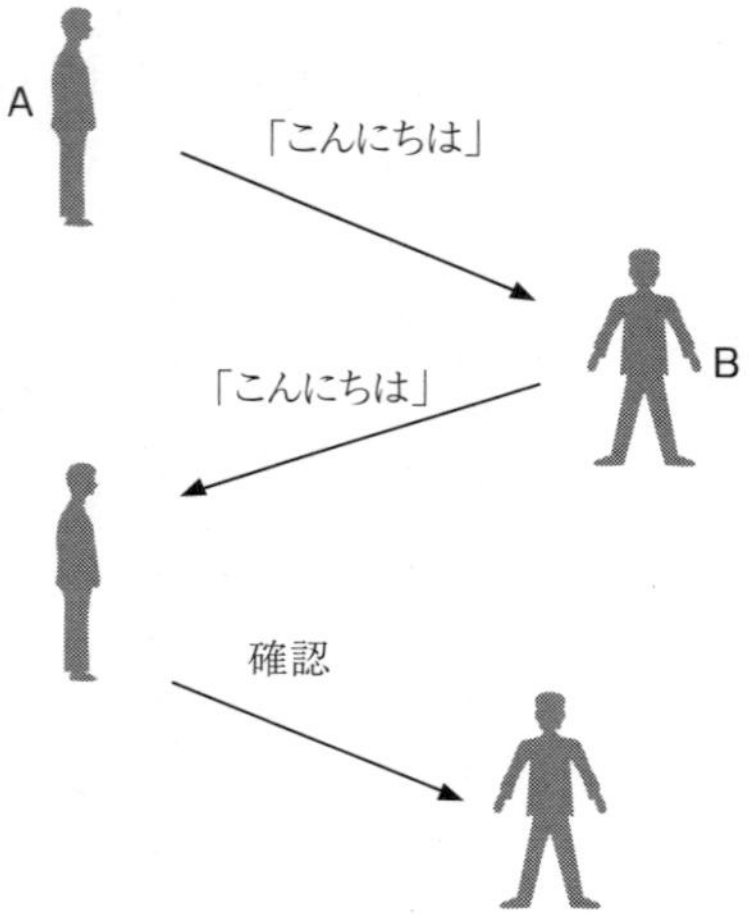

図7−2　人と人とのコミュニケーション

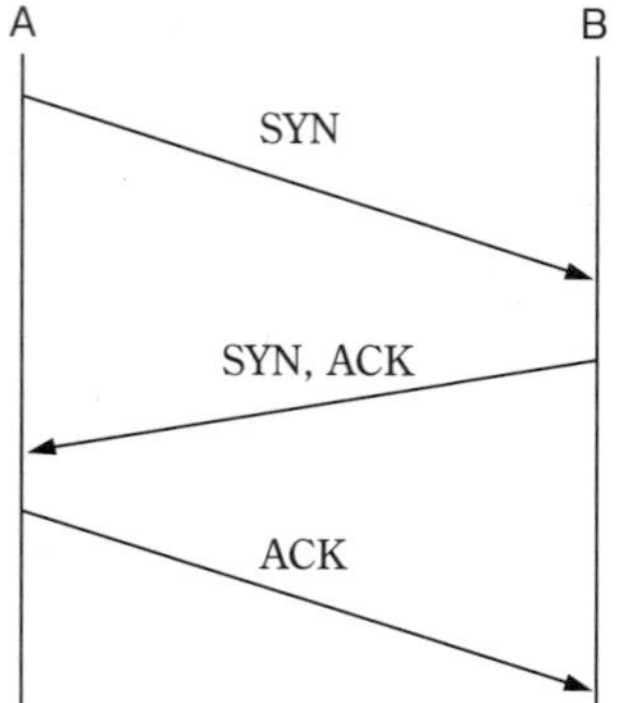

図7−3　3ウェイハンドシェイクによるコネクションの確立

立リクエスト）パケットを受信側（端末Ｂ）に送信します。端末ＡからのＳＹＮパケットを受け取った端末Ｂは、ＳＹＮパケットに加えてＡＣＫ（acknowledge：確認応答）パケットをホストＡに送信します。端末Ａが端末ＢからのＡＣＫパケットを受信、最後に端末Ａが端末ＢにＡＣＫパケットを送信して初めて、端末Ａ、Ｂ間が双方向に通信することが可能となり、両者の接続が確立します。Ａ-Ｂが接続を確立するまで3回やりとりが発生するということで、これを3ウェイハンドシェイクと呼んでいます。

接続を終了する場合も同様です（図７－４）。端末ＡがＦＩＮ（finish：終了）パケットを送信し、それに応じて端末ＢがＡＣＫパケットを送信すると、端末Ａから端末Ｂへの接続がクローズします。この時点では、端末Ｂから端末Ａへの接続はまだ確立されているので、端末Ｂは端末ＡにＦＩＮパケットを送信して、端末ＡからＡＣＫパケットを受け取り、端末Ｂ→端末Ａ間の接続が終了します。両端末いっぺんに終了することはできず、片方ずつ接続を終了するという意味で、ハーフクローズと呼びます。

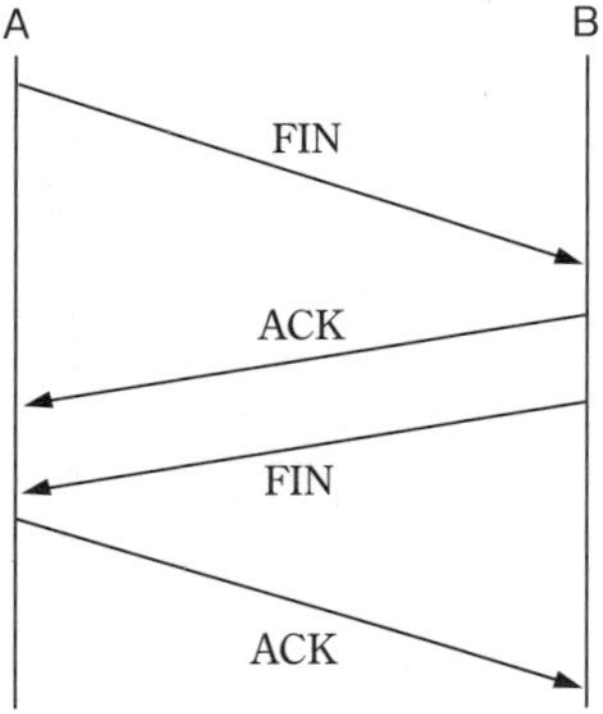

図7－4 ハーフクローズによるコネクションの終了

ＴＣＰにおいては、接続確立時にはＳＹＮパケットやＡＣＫパケットの送受信、接続終了時にはＦＩＮパケットやＡＣＫパケットの送受信など、送信側・受信側でさまざまな状態が考えられます。そのなかで、端末が次にどの状態に移ればよいかをクリアにしておかなくてはなりません。つまり、ＴＣＰの現在の状態やその次の状態を定義する必要があります。これをＴＣＰの状態遷移と呼びます（図７－５）。

一見、複雑そうに見えますが、結局のところ接続の確立（３ウェイハンドシェイク）と接続の終

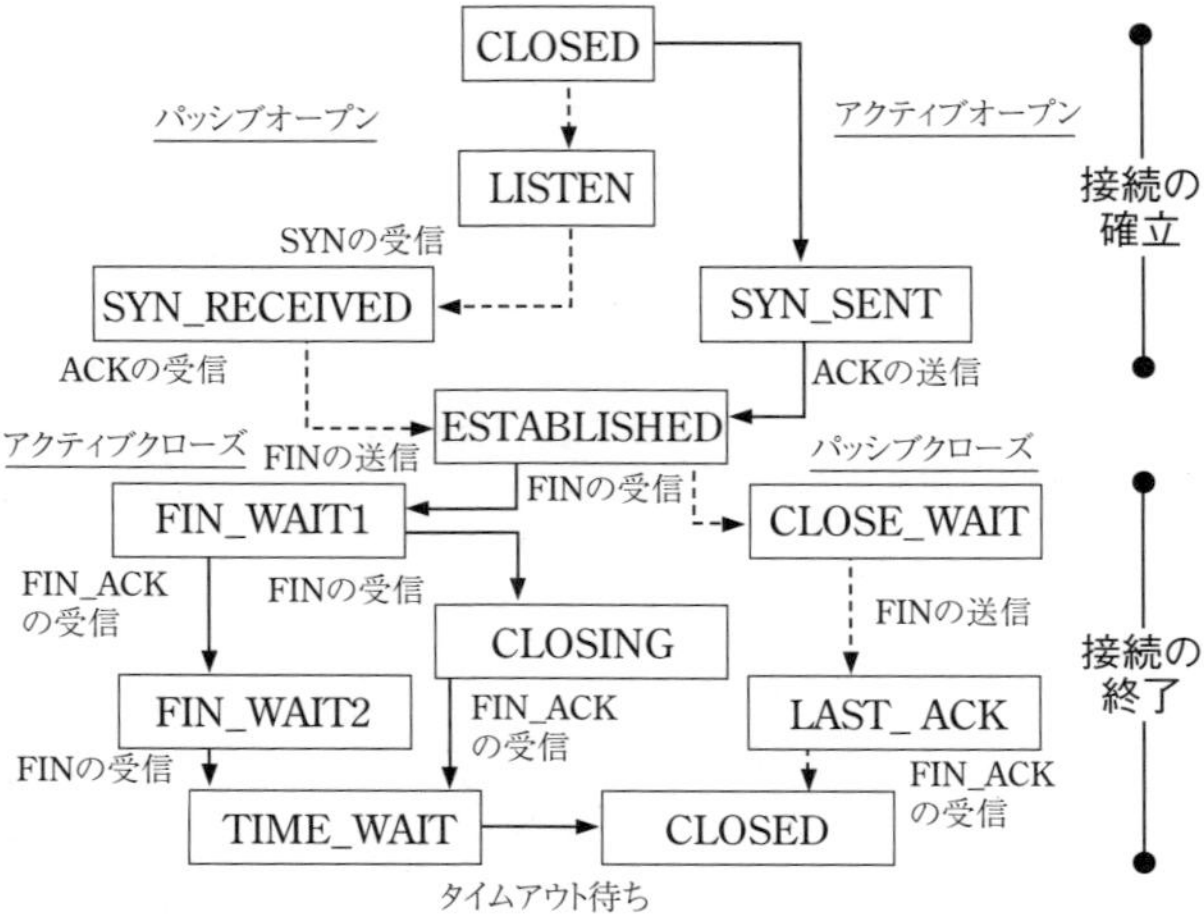

図7−5　TCPの状態遷移

状態遷移は、TCPの接続確立・終了の流れを示していると考えればよい。実線がアクティブ、破線がパッシブを表す。「オープン」は接続を開くという意味で使われている。

了（ハーフクローズ）をアクティブ（接続確立・終了を働きかけるほう）とパッシブ（接続確立・終了を待つほう）の2つに分けて記述してあるに過ぎません。

TCPによる高信頼性の提供

ここからは、TCPの2つめの役割である信頼性のある通信について見ていきます。一般的に、接続の確立・終了＝高信頼性の提供とは限りません。なにをもって「高信頼性を提供」といえるのでしょうか？

インターネットはもともとベストエフォート（端末間でのパケット到達保証を行わないネットワーク）、つまり、途中でパケットが落ちても仕方がないという割り切った思想を元に構築されています。しかし、たとえばオンラインバンキングなど重要な処理を行う際に「途中でパケットが落ちても仕方ない」というのでは、誰も利用しないでしょう。

到達保証を行わないインターネットと高信頼性を要求するアプリケーションとを結び付けるのがＴＣＰです。したがって、高信頼性とは、パケットが届かない場合、(1)パケットが届かないことを検知して、(2)同じパケットを再送信する機能と言い換えることができるでしょう。

ＴＣＰには、送信側および受信側がどれだけパケットが送信されたのかを把握するために、パケットの累積送受信バイト数を通し番号として交換するしくみがあります。受信側から送信側に送る通し番号のことを、とくにＡＣＫ番号と呼びます。

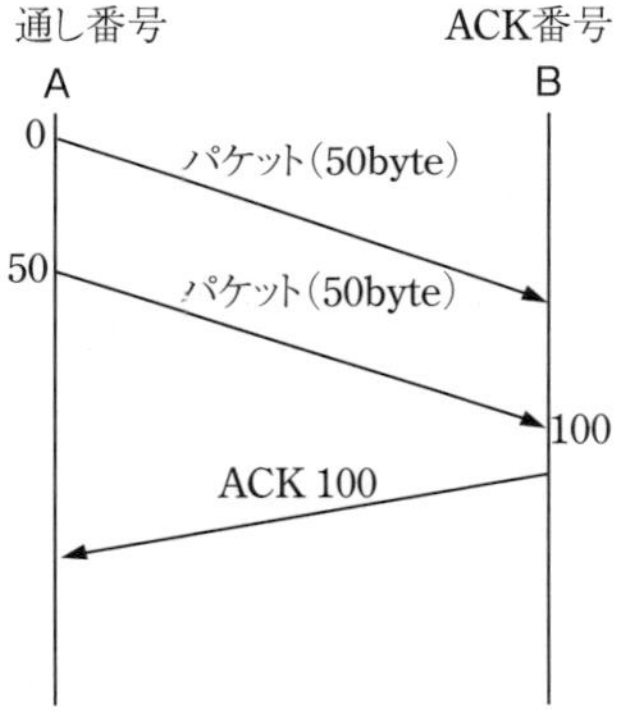

図7−6　ACK番号

図７−６を見てください。端末Ａと端末Ｂとは３ウェイハンドシェイクですでに接続が確立されています。この状態で端末Ａが50バイトずつパケットを送るとします。端末Ａが最初に送るのは通し番号０のパケットで、その50バイトを送信したら、次に通し番号50の50バイトを送ります。端末Ｂが返すＡＣＫ番号も端末Ａからのパ

ケット受信前は０ですが、端末Ａから50バイト受信したら、端末ＢはＡＣＫ番号50を返します。

ここで、端末Ａは50バイトを２回送信しているので、次のパケットは通し番号１００です。一方、端末ＢはＡＣＫ番号50の50バイトを受信し、２度の受信による総受信バイト数である１００をＡＣＫ番号として端末Ａに返します。

なお、パケットを受け取るたびにＡＣＫ番号を返していてはパケット量が増えてしまいますので、ＴＣＰではある程度まとめてＡＣＫ番号を返すように制御しています。何回パケットを受け取った時点でＡＣＫ番号を返すかは、実装（ＯＳ）によって違います。

このＡＣＫ番号のメリットは、送信側、受信側がそれぞれ何バイト送信したのか、何バイト受信したのかが容易に把握できる点にあります。端末Ａからの通し番号50のパケットが途中で喪失した場合、端末Ａから端末Ｂに再送信すれば、滞りなく通信が継続されるのです。

たとえば、端末Ａから端末Ｂに通し番号50の50バイトを送ったにもかかわらず、途中で１バイトパケットが喪失したと仮定すれば、端末Ｂは49バイト受信し、ＡＣＫ番号99を端末Ａに返します。端末Ａの次のパケットは通し番号１００なので、端末Ａには１バイトパケットが落ちたことがわかり、もう一度通し番号50の50バイトを送信します。

この方法では、送信側が受信側からのＡＣＫ番号を受信することによりパケット損失を発見しています。しかし、受信側から常にパケット損失なくＡＣＫ番号を受信できるとは限りません。

もし受信側に自分の送信したパケットがまったく届いていなかったら、ＡＣＫ番号は送られてこないからです。また、受信側の送信したＡＣＫ番号が届かない場合もあるでしょう。そこで次に、送信側が受信者に依存することなく、パケット損失を検知する方法を考えてみましょう。

この問題は、ＴＣＰに再送タイマーを導入することで解決が図られました。具体的には、パケットの送信ごとに再送タイマーをセットして、受信側からのＡＣＫ番号を待ちます。送信タイマーの有効期限内にＡＣＫ番号が受信できない場合、なんらかの理由で途中パケットが喪失したとみなして、パケットを再送するのです。

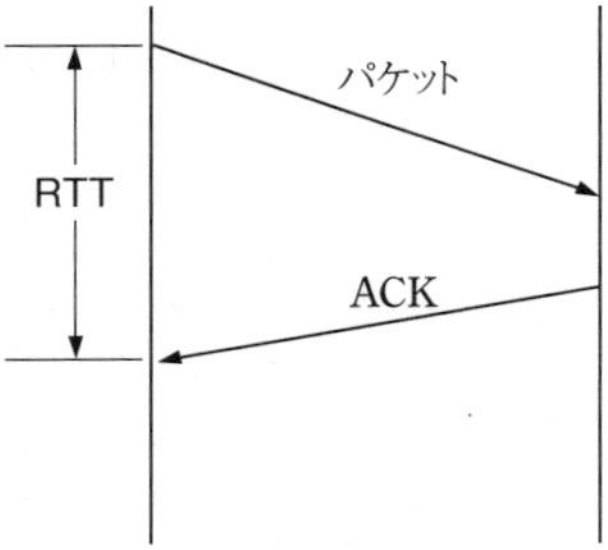

図７－７　RTTの計測

このときの課題は、有効期限の設定にあります。有効期限が長すぎると、不達の検知が遅くなるため、再送すべきタイミングで再送できず、端末間の転送効率が低下してしまいます。一方、有効期限が短すぎると、再送する必要がない場合にも再送することになってしまいます。

これをふまえて、ＴＣＰでは往復所要時間（Round Trip Time：以下ＲＴＴと呼びます）を利用して再送タイマーの有効期限が設定されるようになっています（図７－７）。送信側がパケットを送信してから、受信側がパケットを受信してＡＣ

Ｋ番号を送信し、送信側でＡＣＫ番号を受信するまでの経過時間（単位：ミリ秒）を計測し、有効期限とするのです。

ただし、一回の計測では一時的に遅延が発生するなどの原因で誤差がでることも考えられます。そこでＴＣＰの規格を定めた仕様書であるＲＦＣ７９３では、以下の式で定義されるＳＲＴＴ（Smoothed RTT：平準化されたＲＴＴ）を有効期限として採用することを推奨しています。

$$srtt = \alpha \times srtt + (1 - \alpha) \times rtt$$

（αは一般的には０・９が用いられる）

輻輳制御

図７－６で説明したように、通し番号（ＡＣＫ番号）は送受信バイト数に従って加算されていきます。ここで、端末Ａは50バイトのパケットを送信していますが、これはＴＣＰによって調整された結果です。たとえば、端末Ａ－端末Ｂ間の帯域が混雑していない場合、もうすこし通信レートを上げてもネットワークに影響はないですし、その逆にネットワークが混雑している場合、通信レートを下げる必要があるでしょう。ここでは、最初にあげたＴＣＰの３つの役割の３つめ

である通信レートの調整について触れます。

通信レートの調整にあたっては、パケットを送信しようとする端末が、インターネットに接続されているすべての端末間の帯域情報を瞬時に把握していると仮定すれば、どのレートで送るべきかは簡単に求めることができます。しかしながら、インターネットの場合、つねに接続状態が変化するために、すべての帯域情報を把握するというのは現実的ではありません。そこで、各端末で自律的に送信レートのコントロールをしようというのがＴＣＰの輻輳制御の要諦です。

通信レートのコントロールにはいくつか方法が考えられます。たとえば、前述のＲＴＴをもとにして、ＲＴＴが短ければ通信レートをあげて、ＲＴＴが長くなれば通信レートを下げるという方法があるでしょう。しかし、往復経過時間が長い＝ネットワークが輻輳しているとは限りません。たとえば、東京と大阪間、東京とニューヨーク間の回線を比較すると、回線使用状態が同じでも、物理的な遅延により東京とニューヨークのほうがＲＴＴは長くなります。

そこでＴＣＰでは、ウィンドウという概念を用います。ウィンドウでは、その「窓」という名のとおり、大きく開ければ（ウィンドウサイズを大きくすれば）風（パケット）がたくさん入る一方、小さく開ければ入ってくる風はわずかになります。つまり、ウィンドウ（窓）の開け閉めによって通信レートを調整するのです。

前述のようにＴＣＰでは、信頼性のある通信を実現するために、パケット送信に対して受信側

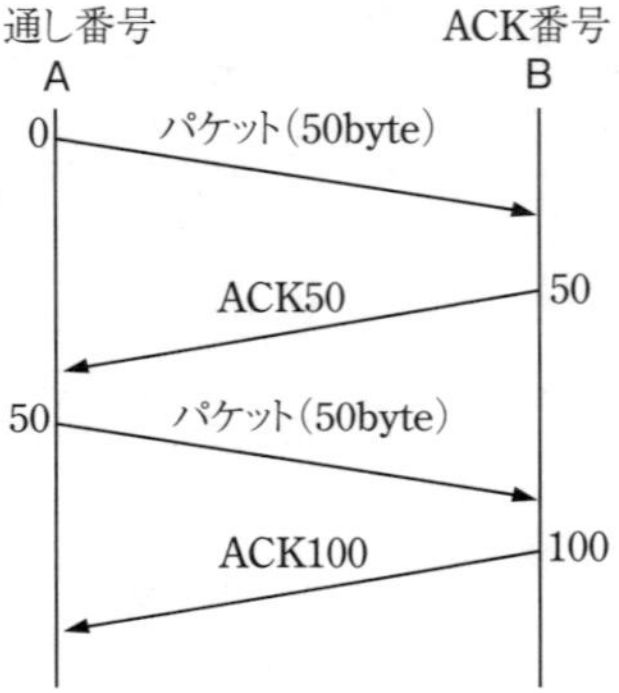

図7−8　TCPとウィンドウサイズ

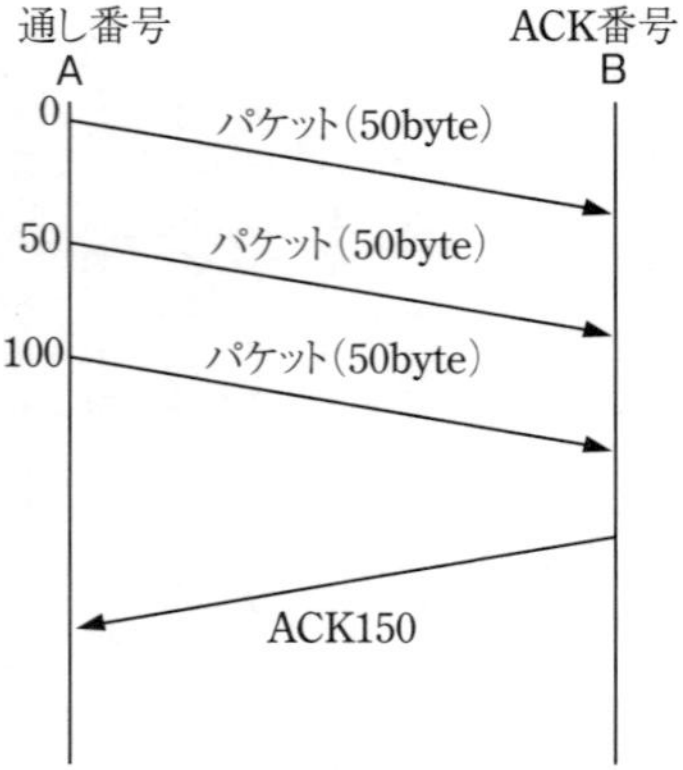

図7−9　ウィンドウサイズが3倍になった場合

はＡＣＫ番号を返します。図７－８を見てください。送信側（端末Ａ）が50バイトのパケット（通し番号０）を送信し、受信側（端末Ｂ）がＡＣＫ番号50を返します。次に、送信側はもう一度50バイトのパケット（通し番号50）を送信し、受信側はＡＣＫ番号１００を送信側に返します。このとき、転送できるパケット量がウィンドウサイズであり、これをＴＣＰが制御しているのです。この場合、ウィンドウサイズは50ということになります。

転送性能（一秒あたりの通信量）は、ウィンドウサイズ（バイト）／転送時間（秒）と決められています。端末Ａ、Ｂ間のＲＴＴが０・５秒だと仮定すると、一秒あたりの転送性能は、50バイト／０・５秒＝100byte/s＝800bps となります。

一方、図７－９では、送信側が50バイトのパケットを通し番号０、50、１００の３つ分送信しています。この場合もウィンドウサイズは50ですが、ルータのキャパシティなどの通信状況が許せば３つ分いっぺんに送ることができるので、ウィンドウサイズは50×３＝１５０ということになるのです。前の例と同様に、端末Ａ、Ｂ間のＲＴＴが０・５秒だと仮定すれば、一秒あたりの転送性能は、１５０バイト／０・５秒＝300byte/s＝2400bps となります。

ウィンドウサイズが50から１５０に拡大したため、通信レートは３倍になります。すなわち、ウィンドウサイズを増加させれば通信レートは上がり、ウィンドウサイズを減少させれば通信レートが下がります。このように、ウィンドウサイズを変化させて通信レートを変化させる方法をスライディングウィンドウ方式と呼びます。

輻輳ウィンドウ

スライディングウィンドウ方式では、受信側の空き容量（メモリ容量）によってウィンドウサイズを変更します。すなわち、受信側のメモリに余裕があればウィンドウサイズを増やし、メモリに余裕がない場合はウィンドウサイズを減らします。つまり、受信側の都合だけを考えた方法であって、途中のネットワークがどれだけ混雑しているかについては考慮されていません。

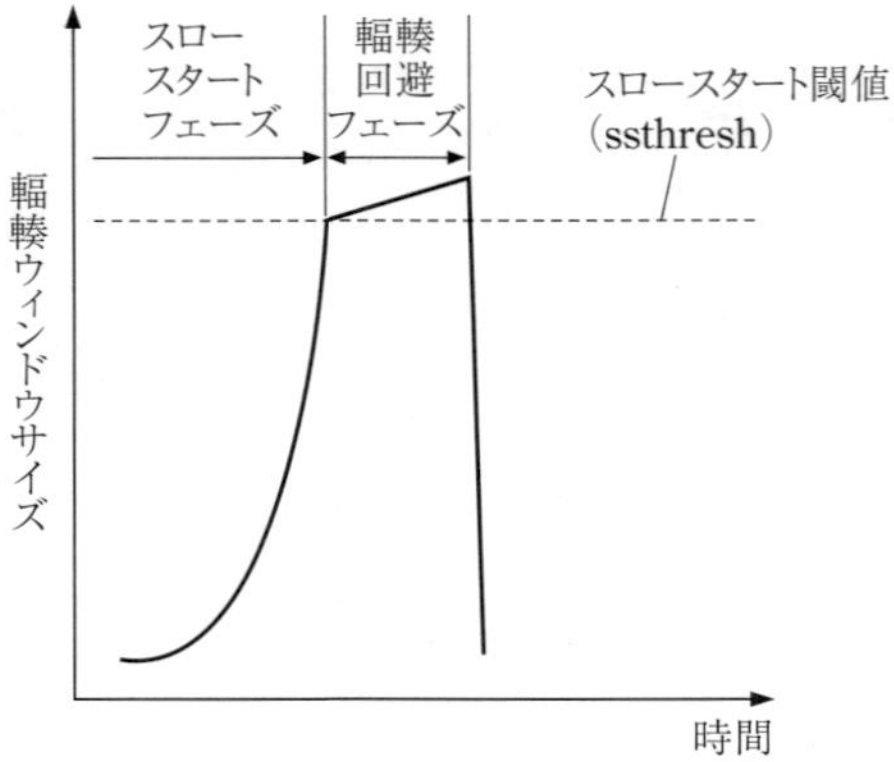

図7－10　輻輳ウィンドウ

しかし、端末間の通信では途中のネットワークの混雑状況を把握する必要があります。そこで登場するのが輻輳ウィンドウです。輻輳ウィンドウの機能は前述のウィンドウと同じですが、大きく違うのは、ネットワークの輻輳によりウィンドウサイズが動的に変化する点です。

輻輳ウィンドウサイズは、最小ウィンドウサイズ1から始まって徐々に増えていきます。ウィンドウサイズの増加には、スロースタートと輻輳回避の2つの段階（フェーズ）があります（図7－10）。いずれの段階でも、受信側からＡＣＫ番号を受け取るたびにウィンドウサイズが増加しますが、増加量が異なります。スロースタートの段階では、送信側は受信側からＡＣＫ番号を受け取るたびにウィンドウサイズを指数関数的に増加させていく一方、輻輳回避の段階では、その名のとおり輻輳を回避すべく慎重にウィンドウサイズを増加させていきます。

スロースタートと輻輳回避との違いは、パケット損失に対する考え方です。ＴＣＰの場合、いかに輻輳（渋滞）しないように適正な通信レートでパケットを送信するかがポイントなので、輻輳によってパケット損失が生じる事態をなんとしてでも避けなければいけません。

パケット損失が起こるのは、通信レートがルータの回線の最大容量を超えてしまったときです。たとえば、ルータと送信側端末とが10Mbpsのイーサネットで接続されていて、送信側端末がウィンドウサイズを増やして通信レートを12Mbpsに設定した場合、ルータの回線の最大容量を超えてしまいます。すると、ルータは転送できなかった超過分のパケットを棄却します。そして、送信側端末では再送タイマーの有効期限を過ぎるとパケット損失となるのです。

スロースタートフェーズは低い通信レートからスタートするのでパケット損失が生じにくいと仮定して、ウィンドウサイズの増加量を大きくします。一方、次の輻輳回避フェーズではある閾値を超えているのでパケット損失は起こり得ると考えて、スロースタートフェーズよりも慎重にウィンドウサイズを増やしていきます。

もう一度図7−10を見てください。スロースタートフェーズでは、送信側は受信側からＡＣＫ番号を受け取るたびに、あらかじめ決められたスロースタート閾値（ssthresh：slow start threshold）に達するまで、輻輳ウィンドウサイズを指数的に増やしていきます。ssthresh は輻

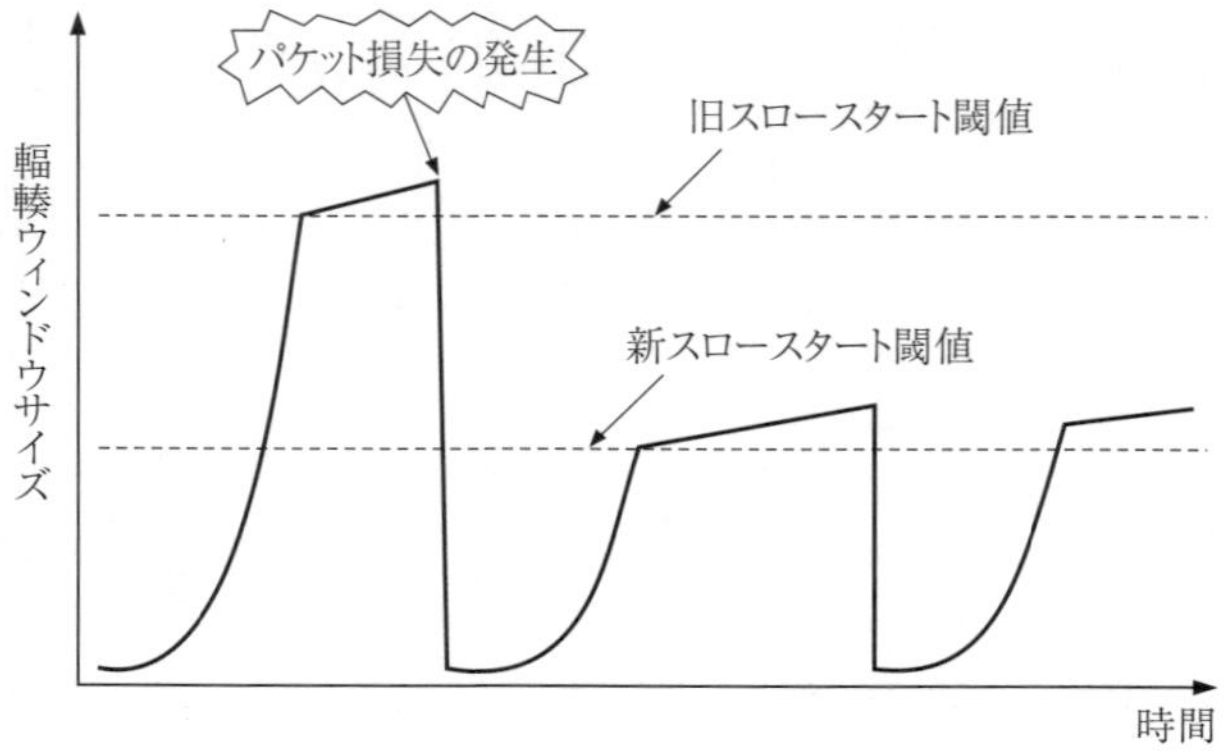

図7－11　パケット損失が発生したら……

輳が発生しないと推定される閾値で、ここまでは指数的に輻輳ウィンドウサイズを増加させてもパケット損失が生じる可能性は少ないと仮定しています。

輻輳ウィンドウサイズがssthreshまで到達したら、輻輳回避フェーズに移ります。ここではパケット損失が生じる可能性があるので、輻輳ウィンドウサイズをゆっくりと慎重に増加させていきます。

輻輳回避フェーズで線形にウィンドウサイズを増加させていっても、増やしていけばある時点で輻輳が発生します。つまりパケット損失です。輻輳が発生したら、現在の通信レートは高すぎると判断してウィンドウサイズを減少させなければなりません。その場合、図7－11のように(1)スロースタート閾値（ssthresh）を従来の2分の1に引き下げ、(2)輻輳ウィンドウサイズを接続確立時の初期値である1にしてから、再びスロースタートフェーズに入り、ssthreshまで到達したら輻輳回避フェーズとなります。

ＴＣＰ高速再送アルゴリズムと高速リカバリーアルゴリズム

しかしながら、パケット損失となる再送タイマーの期限切れを待っているのでは、パケット転送効率が落ちてしまいます。どうしたら転送効率をあげることができるでしょうか？

一つの解決方法が、重複したＡＣＫ番号に注目することです。図７－12を見てください。端末Ａから送信された通し番号０のパケットは端末Ｂに到達したものの、何らかの理由で通し番号50のパケットは途中で喪失したとします。この場合、端末ＢはＡＣＫ番号50を送信します。

一方、端末Ａは、再送タイマーが有効期限内であるためパケット損失なしに送信できているとみなして、次の通し番号１００さらには、１５０、２００とパケットを送り続けます。端末Ｂはそれらを問題なく受信できたとしても、通し番号50のパケットを受信していないので、再びＡＣＫ番号50を送信します。

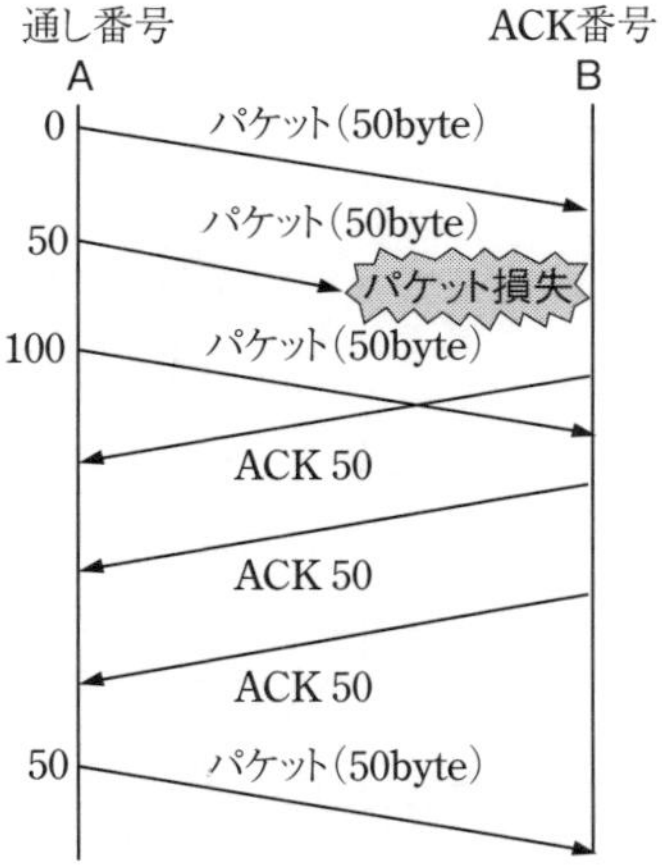

図7－12　高速再送アルゴリズム

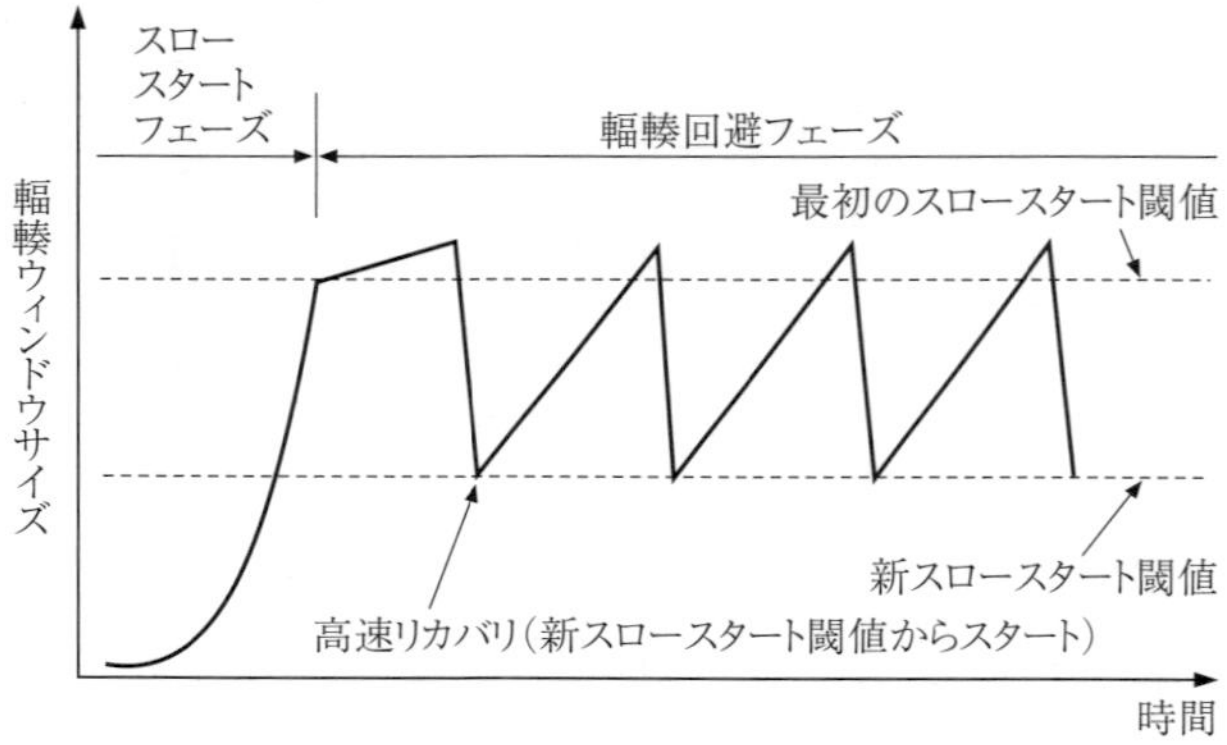

図7-13　高速リカバリーアルゴリズム

このようにして重複するＡＣＫ番号が3度受信側から来た場合は、たとえ再送タイマーの有効期限内であっても、パケット損失の可能性が高いと判断し、送信側は通し番号50のパケットを再送信します。そして再び輻輳ウィンドウサイズを初期値である1に戻して、スロースタートフェーズに入ります。これをＴＣＰ高速再送アルゴリズムと呼びます。

ところで、何度も述べたとおり、ＴＣＰの目的は端末間での信頼性のある通信を実現し、自律的に通信レートを制御してネットワークの輻輳を最低限にする、ということです。

ひるがえってＴＣＰ高速再送アルゴリズムでは、1つでもパケットがロスした場合、再送に成功しても輻輳ウィンドウサイズを初期値の1に戻すことになり、通信レートが急激に低下してしまいます。ＴＣＰの、輻輳を最低限にするという目的に照らせば、一度パケット損失が起こったとしても、再送が成功しているのであればきちんとパケットが届いていることになります。つまり、端末間で回線容量オーバーのような致命的な問題があったわけではなく、輻輳は軽微であったと判断できますから、通信レートを急激に低下させる必要はないわけです。

そこで現在の多くのＴＣＰの実装では、高速再送が成功して新しいＡＣＫ番号が到着した場合、輻輳ウィンドウサイズを最初のスロースタート閾値の２分の１にセットして、スロースタートに入らず輻輳回避フェーズからスタートする、高速リカバリーアルゴリズムが採用されています（図７−13）。

渋滞を自律的に回避するＴＣＰ

インターネットにおけるＴＣＰの役割は自律的に渋滞（輻輳）を回避するしくみの提供であり、インターネットでの独自性の一つといえるでしょう。つまり、これまで比較してきた電話・郵便では、基本的にはある事業者が提供しているため、輻輳が発生した場合、その事業者が対応すれば解決できます。

しかし、インターネットの場合、そうはいきません。事業者の数は膨大で、事業者同士が協調して対応というのは困難です。そのなかで、ＴＣＰは事業者同士の協調という作業を、輻輳回避という機能によって提供しているといえるでしょう。

コラム 19 ＴＣＰと遅延

筆者はかつて日本とアメリカとの間でのインターネット動画中継に携わったことがありますが、このときＴＣＰに苦しめられた経験があります。これはＴＣＰを使った5Mbps程度の広帯域のビデオストリームをアメリカから日本まで転送するプロジェクトでしたが、途中の帯域にはまったく問題がないにもかかわらず転送性能が悪いままでした。

前述のように、ＴＣＰの転送性能は「ウィンドウサイズ／転送時間」で決定されます。日本―アメリカ（１万５０００ｋｍ）のレイテンシ（latency：遅延時間）は、単純に計算すれば「距離／光の速度」として表すことができます。光ファイバー中の光の速度は一般的には、2×10^8（メートル／秒）であり、日米間の距離１万５０００ｋｍ／光の速度≒０・０７５秒、これに途中のルータなどの転送遅延を加えて片道で１００ミリ秒、往復遅延時間（ＲＴＴ）にして２００ミリ秒となります。つまり、どんな高速なネットワークでもおしなべて０・２秒（２００ミリ秒）の物理的な遅延が発生します。

さらには、ＲＦＣ７９３で定められたＴＣＰの最大ウィンドウサイズは６５５３５バイトで、

ＴＣＰの転送性能＝最大ウィンドウサイズ／ＲＴＴ

＝65535バイト（≒0・52メガビット）／0・2秒≒2.6Mbps

となり、このままでは5Mbps程度の転送に対してパフォーマンスが出ないのは明白です。

転送性能をあげるためには、（1）遅延を少なくする、あるいは、（2）最大ウィンドウサイズを増やす、の2つですが、残念ながら（1）遅延を少なくするのは物理的にはほぼ不可能です。そこで、輻輳などを加味せずにユーザーが独自に大きなウィンドウサイズを指定できるウィンドウスケールオプションというＴＣＰのオプションを用いて解決しました。インターネットは距離とは関係ないと前述しましたが、こういう落とし穴もあるのです。

第8章 インターネットのこれから

4つの疑問の解答

「はじめに」で問いかけた、４つの疑問を思い出してください。

（疑問１）地震が起きたとき、携帯電話で電話するよりメールのほうがつながりやすかったという経験があるかもしれません。それはなぜでしょう？

（疑問２）普通の電話よりインターネット電話のほうが通話料金が安いのはなぜでしょう？

（疑問３）自分の家のインターネット接続はＡＤＳＬ、友人の家はＡＤＳＬではなく光ファイバーでインターネット接続しているのにもかかわらず、お互いにビデオチャットができるのはなぜでしょう?
(疑問4) 電話にはウイルス・不正アクセスといった攻撃は起きません。なぜインターネットにはこうした問題が発生するのでしょう?

こうした、一見あたりまえに思える疑問を解決するために、ここまでインターネットというブラックボックスについて、その要素を説き明かしてきました。ここで、復習しながら疑問に対する答えを考えてみましょう。

疑問1の場合、電話では電話会社が管理しているネットワークであるため、そのキャパシティを超えたらパンクしてしまいます。一方、インターネットでは、キャパシティ以上の通信レートで送信した場合、たしかにパケット損失は起きますが、TCPによる輻輳制御など自律的に輻輳を回避する機能を提供します。したがって、結果的にはメールのほうがつながりやすいといえるでしょう。

疑問2については、電話のネットワークは回線交換に基づいて到達が保証されたネットワークである一方、インターネットの場合、パケット交換による、到達保証を行わないネットワークであるために、ネットワーク構築・保守に関する費用が電話よりも安価に抑えられるからだといえるでしょう。

疑問3については、インターネットの特徴が階層構造であることに注目してください。IPアドレスによる識別さえできれば、データを送る物理的な媒体はなんであってもかまいません。すなわち、ADSLで接続されていても、光ファイバーで接続されていても、無線LANでも、すべて最終的にはIPアドレスを持つパケットとして転送されるのです。

疑問4については、ネットワークの性質の違いを考えます。インターネットの識別子は世界共通のIPアドレスで、仕様はオープンになっています。一方、電話は閉じたネットワークであるため、外部から攻撃される可能性はインターネットにくらべたら格段に少ないといえるでしょう。

これらをまとめると、インターネットの特徴は、（1）自律性、（2）オープン性、そして（3）階層構造による柔軟性、の3つに集約できるといえます。少しくわしく説明しましょう。

インターネットは、本質的にはパケットの到達性を保証しないベストエフォート方式ですが、TCPに代表されるように端末同士で自律的に信頼性を確保し、輻輳を制御することによって、インターネット全体として調和を保とうとするしくみを備えています。

また、TCP／IPという仕様をオープンにすることによって、セキュリティの問題はあるものの、距離などに関係なく透過的に通信を行うことができます。

さらに、TCP／IPが階層構造となっていることによって、どんな物理媒体でもインターネットに接続することが可能、すなわち、パケットを実際に送る物理媒体で進歩があれば、その上の階層でもそれを享受できます。これがインターネットの持つ柔軟性といえるでしょう。

コラム20 日本のルータベンダーとオープン性

筆者は現在、証券アナリストとして日本のIT企業の分析を担当しています。そのなかでネットワーク機器動向の調査もしていますが、ネットワーク機器とくにコアルータとなると、ほとんどがアメリカのシスコ社あるいはジュニパー社が独占している状況で、日本のルータベンダーのシェアは国内でも低い状況です。

どうしてこういう状況になっているのでしょうか？　これについて、筆者はインターネットのオープン性に原因があると考えています。たとえば、日本の電話の場合、電話交換機は日本の独自仕様（ダイヤルQ2など）が多く、日本のメーカーが独占的に電話交換機を提供してきました。しかし、インターネットの場合、TCP／IPというオープンな規格であるために、日本の独自仕様は基本的にありません。よって、コスト的にも技術的にも競争力のある米国ベンダーがシェアを握っていると考えられます。

だからといって、日本のルータベンダーが手をこまねいているわけではありません。日本からも積極的にインターネット標準案が提案され、採択されてきました。とくに、次世代インターネットプロトコ

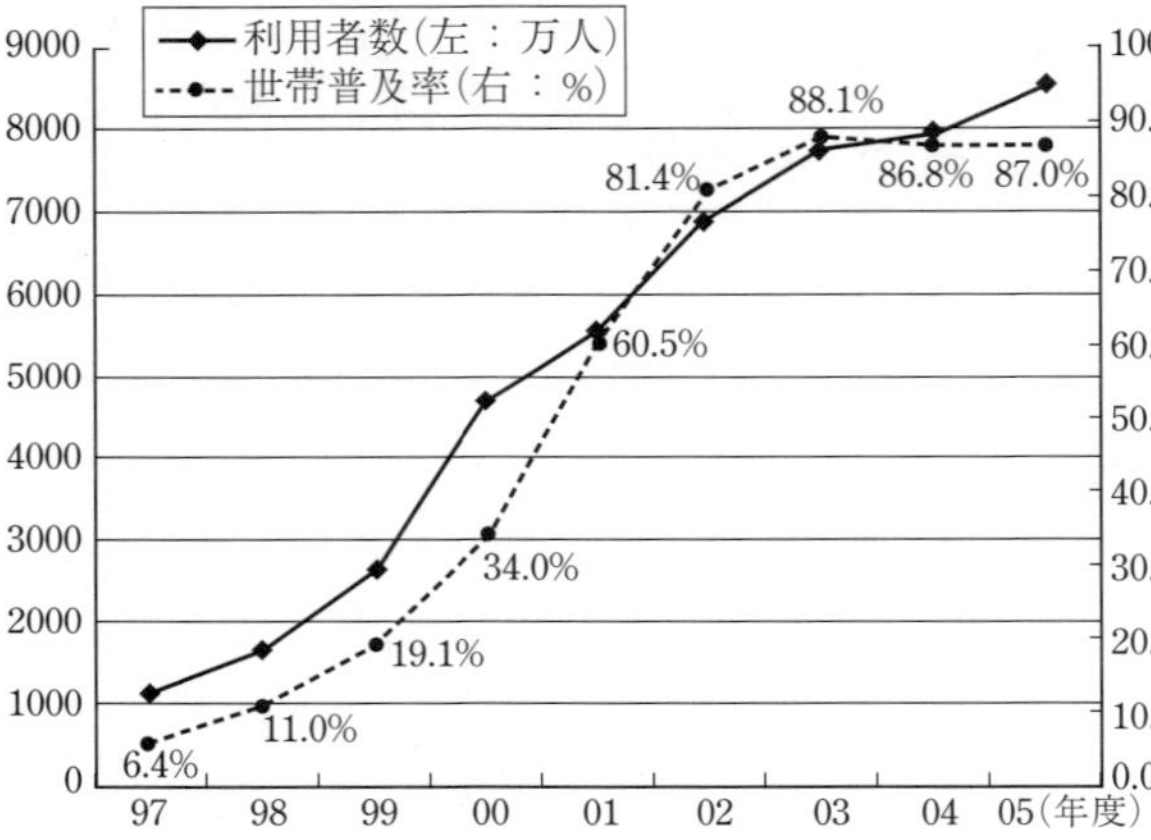

図8－1　日本のインターネット普及率の推移
総務省ホームページより改変

ルであるIPv6では日本が指導的役割を果たしています。

インフラとしてのインターネット

インターネットの提供する（1）自律性、（2）オープン性、（3）柔軟性のコンセプトは、現在、世の中に広く受け入れられています。

図8－1は、総務省調査による日本のインターネットの世帯普及率を示していますが、1999年の11・0％から2006年には87・0％と、7年間で飛躍的に上昇しています。

これは日本に限った話ではありません。日本の場合はブロードバンドが家庭に普及していますが、たとえば中国では、携帯電話経由でのインターネットへの接続も飛躍的に増加しています。

こうした意味で、インターネットは電気、水道、ガス、電話などと同様、社会インフラになりつつあるといえるでしょう。

インターネットの課題とこれから

インターネットが社会インフラとして機能するためには、さまざまな課題があります。まず、社会インフラとして必要なことは、24時間・365日ダウンしないことです。第1章のコラムで紹介した寺田寅彦の指摘と重なりますが、私たちの生活は電話・電気・水道などの社会インフラの上に成立しており、それらのインフラがダウンしたら被害は甚大なものになります。インターネットについても同じことがあてはまるでしょう。

電話・電気・水道とくらべてインターネットが特殊なポジションにあるのは、いままでの議論を踏まえれば明らかです。電話・電気・水道は特定の会社あるいは政府のコントロール下におかれていますが、インターネットは自律的なネットワークであり、TCP／IPというルールはあるものの、特定の所有者によって管理されているわけではありません。つまり、ルーズなルールだけがあって厳格なガバナンス（統治）がない、ということがインターネットにとっての最も大きな課題といえるでしょう。

なぜ、厳格なガバナンスが確立されていないのか、この理由は第2章で述べたインターネットの誕生の背景と密接に関わってきます。インターネットの誕生当時、利用者、開発者、運用者は、ARPANETに代表されるインターネットを普及させたいという同じ目的を共有していました。

しかしながら、現在はすべての利用者、開発者、運用者が同じ目的を共有しているとはいえません。たとえば、インターネットで音楽を共有したいユーザーがいるとして、誰もがそれに共感するとは限りません。著作権を保有している企業にとっては著作権を侵害されかねない行為です。

インターネットの普及に大きな役割を果たしたマサチューセッツ工科大学のデービッド・クラークは、インターネットが、初期のように同一の目的を持ったコミュニティから、立場によって目的が一致しない、利害関係に囚われるコミュニティになった状態をtussle（闘争）と定義し、目的が違っていても問題が起こらない新しいインターネットアーキテクチャーの必要性を提唱しています。

最後に、10年近く前になりますが、筆者が学部生であった時代（1996〜2000年）、日本のインターネットの創設に大きく貢献した慶應義塾大学の村井純教授は、インターネットという基盤の上に放送・通信など、すべての情報が統合されていくだろう、そして、その基盤を私たちが作るべきだ、と熱弁をふるっておられました。

実際に、インターネットを基盤として世の中は変わってきています。トーマス・フリードマンの『フラット化する世界』は、米国・日本に限らず、インド・中国などの世界中のインターネットの普及が世界をフラット（平面）にした、すなわち、距離・時間に関係なく、企業の一部（コールセンターなど）を安いコストで別の場所に誘致することが可能になった、と説きます。第5章のルーティングのところで述べたように、この事実はインターネットが電話と違って場所・距離に対する透過性を持つことによるものといえるでしょう。

このように、インターネットは確実に社会インフラとして発展してきています。そして、オープン性のもたらすセキュリティの問題などはあるものの、これからも水道・電気・ガスと同様に、さらに生活に必要なインフラとして発展することでしょう。

おわりに

「はじめに」でも述べたように、本書はボトムアップ式のアプローチでインターネットのブラックボックスを解き明かそうという試みです。そのきっかけは、新入社員向けのインターネットのセミナーでした。

筆者は5年ほど前から、新人研修向けインターネットセミナーを実施していますが、じつは当初の受講生の反応はあまり芳しいものではありませんでした。というのも、トップダウン式の解説はどうしても退屈なものになりがちであり、眠ってしまう受講生も少なくないという状況だったのです。

そこでいろいろ思案した挙句、トップダウンではなくボトムアップ式のアプローチに変えて解説してみたところ、受講生の反応がグンとよくなりました。それをきっかけに、とかくわかりにくいといわれるインターネットのしくみについてまとめてみようと考えたのです。

本書では、IPアドレス、ルーティングに多くの紙幅を割いています。これらの、インターネットにおける重要な構成要素は、筆者が大学・大学院時代に研究テーマとして取り組んでいたことでもあります。とくに障害への透過性という切り口は博士論文で取り組んでいたテーマであり、本書の執筆につながるご指導をいただいた学部・修士課程の指導教官である村井純慶應義塾大学常任理事、博士課程での指導教官である江崎浩東京大学情報理工学系研究科教授に感謝いたします。

また、第2章のポール・バラン、ドナルド・デービーズ、ボブ・カーン各氏の写真掲載にあたり、使用を快く許諾していただいたＲＡＮＤ研究所、英国国立物理研究所、ボブ・カーン氏に深く感謝いたします。さらには、読みにくい原稿を丁寧に見直していただいた編集者の志賀恭子氏に感謝いたします。最後に、執筆をサポートしてくれた家族に感謝します。

２００８年４月

長橋　賢吾

参考文献

〔第1章〕

『寺田寅彦随筆集』（第5巻）寺田寅彦　岩波書店　１９４８年

『Data Networks』（Second Edition）Dimitri Bertsekas・Robert Gallager　Prentice Hall　１９９２年

『新ネットワーク思考』アルバート＝ラズロ・バラバシ 著／青木 薫 訳　ＮＨＫ出版　２００２年

『「複雑ネットワーク」とは何か』増田直紀・今野紀雄　講談社（ブルーバックス）２００６年

〔第2章〕

『インターネット』村井 純　岩波書店　１９９５年

「On Distributed Communications」Paul Baran　RAND Corporation（http://rand.org/pubs/research_memoranda/2006/RM3420.pdf）

Computer History Museum のホームページ（http://www.computerhistory.org/internet_histo

ry)

〔第3章〜第7章〕

『インターコネクションズ』（第2版）ラディア・パールマン 著／加藤 朗 監訳　翔泳社　２００１年

『コンピュータネットワーク』（第4版）アンドリュー・Ｓ・タネンバウム 著／水野忠則・相田仁 他訳　日経ＢＰ社　２００３年

『スイッチのしくみが分かると使い方が分かる！』岩崎有平　毎日コミュニケーションズ　２００３年

『Computer Networks : A Systems Approach』(3rd Edition) Larry L. Peterson・Bruce S. Davie　Morgan Kaufmann　２００３年

『ザ・サーチ グーグルが世界を変えた』ジョン・バッテル 著／中谷和男 訳　日経ＢＰ社　２００５年

『インターネットルーティング入門』（第2版）友近剛史・池尻雄一・小早川知昭　翔泳社　２００６年

『マスタリングＴＣＰ／ＩＰ 入門編』（第4版）竹下隆史・村山公保・荒井 透・苅田幸雄　オー

ム社　２００７年

〔第８章〕

『フラット化する世界』（上）（下）〔増補改訂版〕トーマス・フリードマン 著／伏見威蕃 訳 日本経済新聞出版社　２００８年

「Tussle in Cyberspace : Defining Tomorrow's Internet」David D. Clark・John Wroclawski・Karen R. Sollins・Robert Braden (http://www.sigcomm.org/sigcomm2002/papers/tussle.pdf)

〔た行〕

〔な行〕

〔は行〕

さくいん

〔数字・アルファベット〕

N.D.C.007　228p　18cm

ブルーバックス　B-1599

これならわかるネットワーク
インターネットはなぜつながるのか？

2008年5月20日　第1刷発行
2008年7月15日　第2刷発行

著者　長橋賢吾《ながはしけんご》
発行者　野間佐和子
発行所　株式会社講談社
〒112-8001 東京都文京区音羽2-12-21
電話　出版部　03-5395-3524
販売部　03-5395-5817
業務部　03-5395-3615
印刷所　(本文印刷) 豊国印刷株式会社
(カバー表紙印刷) 信毎書籍印刷株式会社
本文データ制作　講談社プリプレス管理部
製本所　有限会社中澤製本所

定価はカバーに表示してあります。

ISBN978-4-06-257599-7

発刊のことば

科学をあなたのポケットに

二十世紀最大の特色は、それが科学時代であるということです。科学は日に日に進歩を続け、止まるところを知りません。ひと昔前の夢物語もどんどん現実化しており、今やわれわれの生活のすべてが、科学によってゆり動かされているといっても過言ではないでしょう。

そのような背景を考えれば、学者や学生はもちろん、産業人も、セールスマンも、ジャーナリストも、家庭の主婦も、みんなが科学を知らなければ、時代の流れに逆らうことになるでしょう。

ブルーバックス発刊の意義と必然性はそこにあります。このシリーズは、読む人に科学的に物を考える習慣と、科学的に物を見る目を養っていただくことを最大の目標にしています。そのためには、単に原理や法則の解説に終始するのではなくて、政治や経済など、社会科学や人文科学にも関連させて、広い視野から問題を追究していきます。科学はむずかしいという先入観を改める表現と構成、それも類書にないブルーバックスの特色であると信じます。

一九六三年九月　野間省一